短期预报技术

主编：包春娟
副主编：张艳艳

气象出版社
China Meteorological Press

内容提要

本书立足于高职高专学生的特点,顺应国家高职教育的教学模式改革,以"任务驱动"为导向,全面介绍了短期天气预报的天气图预报方法和 MICAPS 系统操作平台。全书分为五个学习情境,主要内容包括天气图分析基本方法,天气系统和天气过程综合分析方法,MICAPS 系统的操作方法,MICAPS 资料的应用及天气预报的制作等。

本书适用于高职、高专院校大气科学专业及相关专业的专业实习教材,也可作为气象、航空、农林、水利、环境等相关学科专业工作者的参考书或工具书。

图书在版编目(CIP)数据

短期预报技术/包春娟主编. —北京:气象出版社,2014.4
ISBN 978-7-5029-5908-1

Ⅰ.①短… Ⅱ.①包… Ⅲ.①短期天气预报 Ⅳ.①P456.1

中国版本图书馆 CIP 数据核字(2014)第 053620 号

出版发行:气象出版社

地　　址:	北京市海淀区中关村南大街 46 号	邮政编码:	100081
总 编 室:	010-68407112	发 行 部:	010-68406961
网　　址:	http://www.cmp.cma.gov.cn	E-mail:	qxcbs@cma.gov.cn
策划编辑:	蔺学东	终　　审:	周诗健
责任编辑:	黄红丽	责任技编:	吴庭芳
封面设计:	易普锐	责任校对:	华　鲁
印　　刷:	北京奥鑫印刷厂		
开　　本:	787 mm×1092 mm　1/16	印　　张:	14.25
字　　数:	360 千字		
版　　次:	2014 年 4 月第 1 版	印　　次:	2014 年 4 月第 1 次印刷
定　　价:	28.00 元		

前　言

　　兰州资源环境职业技术学院的大气科学专业,主要为基层气象台站培养从事地面气象观测、短期天气预报和气象服务工作的多功能、复合型人才。但我院在多年的教学实践中发现,适合高职、高专大气科学专业天气分析与预报类的教材非常稀少,实际教学中所选用的教材基本都是适合本科生使用的教材,难度大、理论性强;尤其随着气象台站的操作平台不断更新,学生在校学习的知识和台站的实际工作平台有严重的脱节现象。所以为了顺应国家高职教育"学训一体化"的教学模式改革,体现以"任务驱动"为导向的新型教学模式,满足台站对人才综合能力的需要,亟须编写一部综合传统天气图预报与现有 MICAPS 操作系统的综合性的"学训一体化"的新式教材。本书结合了传统天气图分析方法与目前台站的 MICAPS 3.1 操作系统,使学生一边学习天气图的分析方法、天气预报的基本技术,一边在天气预报实训室进行实习,使学生在校学习的内容更加贴近台站对工作人员的实际需求。

　　根据编者多年的实践教学经验,参考了寿绍文、陈中一等前辈的《天气学分析》教材中的相关内容,并且引入了 MICAPS 3.1 的操作方法和应用技术,编写本书以适合高职、高专类大气科学专业学生使用。由于《短期预报技术》是一门实践性很强的课程,所以在教材的编写中以"任务驱动"为导向进行编写,并且在每个学习任务中都设计了单独的学生工作页,引导学生逐步完成每个学习任务。

　　本书学习情境 1、2、4 由包春娟编写,学习情境 3、5 由张艳艳编写,附录由包春娟编写。李春华、郑博文审核。本书在编写过程中院系领导和大气科学教研室的全体老师给予了大力支持,在此表示感谢。由于作者水平有限,资料欠缺,时间紧迫,书中肯定存在不足之处,敬请专家、同行和读者给予批评指正。

编者

2013 年 4 月

目 录

附　录 ·· (209)

参考文献 ·· (221)

学习情境 1

天气图分析基本方法

任务 1.1　认识天气图底图

1.1.1　任务概述

认识天气图底图,根据历史天气图,熟悉常用的底图投影方法;每种投影方法得到的底图的经纬线表示方法,适用范围;各种投影图各个纬度带的放缩比例,比例尺的表示方法。结合地理知识,认识底图中的重要地形和地理条件。在 MICAPS 系统中,熟悉各种投影图的特征。

1.1.2　知识准备

1.1.2.1　天气图的基本概念

天气图是指在一张特制的地图上填有许多地方同一时刻的气象记录,经过绘制和分析,能够反映一定地区范围内的天气情况的气象图。对天气图的连续分析和研究,可获得天气过程发展的规律,从而做出天气预报。因此天气图是制作天气预报的基本工具之一。

天气图可分为基本天气图和辅助天气图两种。

基本天气图有地面天气图、等压面图(高空天气图)。

辅助天气图有垂直剖面图、$T\text{-}\ln P$ 图、单站高空风图、等熵面图等。

地面天气图:在底图上填绘了地面观测气象资料的图称地面天气图。地面气压经过海平面订正成为海平面高度的海平面气压图。图上填有地面的气温、露点、风向、风速、水平能见度和海平面气压等观测记录,还填写一部分高空气象要素的观测记录(如:云和天气现象)。此外,还填写一些反映最近时间气象要素变化趋势的记录(如:3 小时变压,最近 6 小时出现过的天气现象等)。为了能表示同一时刻大气运动的特征,目前,全世界的观测站都统一在世界时(格林尼治时间)00、06、12、18 时进行地面定时观测,即每 6 小时一次。北京时比世界时早 8 个小时(即北京时＋8 小时与世界时同步),因此地面天气定时观测的时间是北京时 08、14、20、02。每天有四张地面图。

等压面图:目前,在实际工作中普遍采用的是填写同一等压面上气象记录的等压面图,通常有 850、700、500、400、300、200、150、100 hPa 等层的图。气象台最常用的等压面图有 850、700、500 hPa 图。图上填绘该等压面上的位势高度、温度、风向风速和湿度等要素。每天在世界时 00、12 时(北京时 08、20 时)进行两次高空观测。

辅助天气图:可分为地面辅助图和高空辅助图。地面辅助图有:天气实况演变图、危险天气现象图、变压图、变温图、降水量图、天气系统历史演变图等。高空辅助图有:流线图、变高图、变温图(或变厚度图)降水量图、温度—对数压力图、单站高空测风图、垂直剖面图和动态图等。

1. 天气图底图

用来填写各地气象台(站)观测记录的特制地图。天气图底图上绘有海洋、陆地、河流及湖泊的分布。范围和比例尺主要根据天气分析内容、预报时效、季节和地区而定。

2. 底图的投影

地球投影的原理:地球是一个椭球体,长轴半径长 6378.2 km,短轴半径长 6356.9 km,可以近似地看成圆球体。将地球上的经、纬线及海陆地形等地球表面情况在平面上表示出来的方法称作地图投影法。为了天气分析和资料处理,须将在大气中观测到的各种气象要素按需要填绘在底图上,这就需要将地球表面表示在一个平面上。地图投影就是用投影的方法,把地球表面投影在投影面上,然后再把投影面沿某一指定方向切开展成平面。

球面在几何学上属于不可展开面,把球面展成平面时不可能不发生裂隙和重叠,也就是说,地球上的物体投影到平面上时,必然要产生误差,投影的方法不同,误差的分布也不同。

在地图投影中,通常按下列三个方面的要求来选择地图投影法:

①正形:指在地图上保持地区形状的正确。即:地图上各处经度和纬度都相交成直角。任意两条线的交角也保持不变。此类投影又叫等角投影。

②等面积:各地区的缩尺一样,地图中任何部分的面积与地球表面上相应部位的实际面积的比例都相等。但形状和方向稍有差异。

③正向:即保持方向正确,指地图上从投影中心到其他任何地点的方向都与地球表面的实际方向一致,经纬线都正交。

任何一种地图投影法,都不可能同时满足上述三点要求。在天气图分析中,主要要求保持图形形状和方向的正确,即满足正形和正向的要求,使图上所填的风向和气压系统的形状和移动方向与实际相同。

投影面可以是平面、圆柱面或圆锥面。投影面的轴取之与地轴重合。常用的地图有三种投影方法:

①兰勃特(Lambert)正形圆锥投影:又名"双标准纬度(30°和60°)的等角圆锥投影",方法是将平面图纸卷成圆锥形,圆锥面与地球相割于 30°和 60°纬圈,光源置于地球中心。将经纬线及地形投影到圆锥形的图纸上,然后将图纸展开成扇形,再适当订正即得到兰勃特正形圆锥投影图(如图 1-1-1 所示)。

这种投影的底图上,经线成放射的直线,纬线成同心圆形。相割的两纬圈 30°和 60°的长度与地球仪上对应处的实际长度相符,称为标准纬线(地图放大系数 $m=1$)。而 30°和 60°之间的纬圈比地球仪纬圈的实际长度缩小了一些,$m<1$。30°和 60°以外的纬圈长度比地球仪的实际长度放大了一些,$m>1$。这种图在中纬度地区 $m\approx1$,基本能满足正形和正向的要求,因此适用于中纬度地区天气图。我国所使用的欧亚高空图和东亚地面图都是采用这种投影方法(图 1-1-2)。

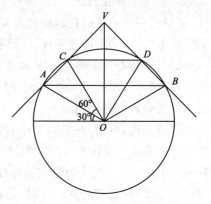

图 1-1-1　双标准纬度圆锥投影

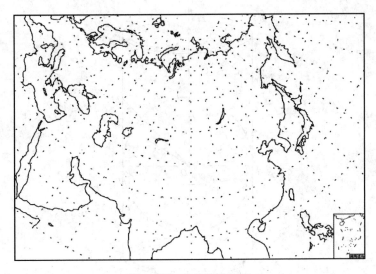

图 1-1-2 兰勃特投影图

②极射赤面投影:这种投影是将平面图纸与北极相切或于北纬 60°相割,光源置于南极 V,将地球表面的各点投影到平面图纸上(图 1-1-3)。这种投影方法的底图,其经线为一组由北极向赤道放射的直线,纬线为一组以北极为圆心的同心圆,地图放大系数在 60°纬圈处 $m=1$,大于 60°处 $m<1$,在其他纬度 $m>1$(图 1-1-4),这种投影保持方向和形状的正确,但放大率随纬度而变化,纬度越低,放大率越大。故这种底图在北极和高纬度地区表现得真实,一般用作北半球天气图和极地天气图。

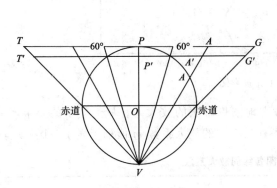

图 1-1-3 极射赤面投影法

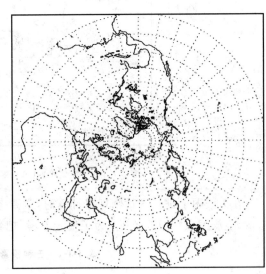

图 1-1-4 极射赤面投影北半球图

③墨卡托(Mercator)投影:这种投影一般是将圆筒图纸与南北纬 22.5°纬圈相交割,把光源置于地球中心,将地球表面各点投影到圆筒图纸上(图 1-1-5)。这种图一般在中高纬度地区有较大的失真,一般用于低纬度地区(图 1-1-6)。

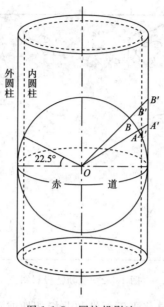

图 1-1-5　圆柱投影法

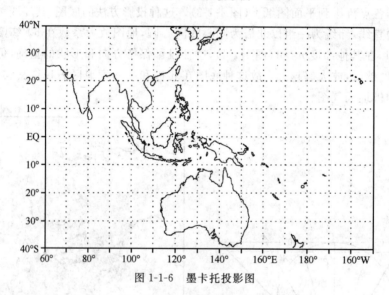

图 1-1-6　墨卡托投影图

在天气图上进行各种物理量计算时,常要考虑地图投影法的放大率。从天气学的要求考虑,希望放大系数能近于 1。为了便于参考,把各种投影法的放大系数 m 值列于表 1-1-1 中。

表 1-1-1　三种投影图各纬圈放大系数

放大系数 m 投影法 纬度	兰勃特投影	极射赤面投影	墨卡托投影
90°	—	0.933	∞
80°	1.293	0.939	5.318
70°	1.084	0.962	2.709
60°	1.000	1.000	1.847

续表

放大系数 m 投影法 纬度	兰勃特投影	极射赤面投影	墨卡托投影
50°	0.968	1.056	1.437
40°	0.970	1.136	1.206
30°	1.000	1.244	1.066
22.5°	—	—	1.000
20°	1.058	1.390	0.983
10°	1.150	1.589	0.938
0°	1.283	1.865	0.924

1.1.2.2 地图比例尺

地图上两点之间的距离与地球表面上相应两点间的距离之比,称为比例尺(或缩尺)。表示方法有:

①比例式:如 1:10 000 000 即地图上的 1 cm 相当于实际 100 km。

②图解式:
```
 0    100   200   300
```

③斜线图解尺或复式图解尺(图 1-1-7):

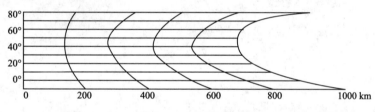

图 1-1-7 复式图解尺

由于兰勃特正形圆锥投影图在各个纬度上放大率是不相同的,故需用复式图解尺。其特点是:对不同纬度用不同的缩尺来表示。

天气图底图缩尺的大小与所要分析的天气客体的大小和底图的范围有关。小缩尺的底图适宜于研究大规模的天气客体,大缩尺的底图只适宜于研究规模小的天气客体。我国目前所用的东亚天气图的缩尺为 1:10 000 000,即地图上的 1 cm 相当于实际 100 km;欧亚天气图的缩尺为 1:20 000 000,即地图上的 1 cm 相当于实际 200 km;北半球天气图的缩尺为 1:30 000 000,即地图上的 1 cm 相当于实际 300 km。

底图的范围大小和比例尺主要根据天气分析内容、预报时效、季节和地区而定。如制作中长期预报的底图范围比短期预报的底图范围大,甚至需要整个北半球天气图。在冬半年,高纬大气活动对我国影响较大,故底图范围应包括极地或极地的一部分;在夏半年,低纬度和太平洋上的大气活动(如台风、副热带高压)对我国影响较大,故底图上低纬度和太平洋区域应多占些面积。处于中纬度地带的我国,主要受西风带的天气系统影响和控制。为了预先察觉从西边或西北边来的天气系统的侵入,底图的范围应尽量为我国西部或西北部地区。高空图的范围比地面图大。

1.1.3 任务实施步骤

(1)学习知识准备内容;每人发东亚(或欧亚)天气图底图一张,每组发历史天气图一本。

(2)写出地图投影的三个要求,天气图底图满足的要求。

(3)常用的天气图底图的三种投影方法的特点,分别适用的地区。

(4)描述东亚地区底图的经、纬度范围。

(5)在天气图的底图上标出经线和纬线,并指出中国所在地区的经度范围和纬度范围。

(6)在天气图的底图上标出亚欧范围内主要的河流、湖泊和我国的海域,并在北半球图上标出主要的海洋、大陆、岛屿、山脉等主要地形。

(7)在电脑中通过 MICAPS 系统进一步认识各种投影图的特征。学会调用不同的投影图。

(8)完成任务工单中的任务。

任务 1.2 地面天气图分析

1.2.1 任务概述

认识地面天气图的填图资料,熟悉地面天气图上各种填图符号及数字的含义;学会等值线的分析原则,学会在地面天气图上分析等压线、等三小时变压线。学会在地面图上分析锋面等天气系统。

1.2.2 知识准备

地面天气图:在天气图的底图上填绘了地面观测气象资料的图称地面天气图。地面气压经过海平面订正成为海平面高度的海平面气压图。图上填有地面的气温、露点、风向、风速、水平能见度和海平面气压等观测记录,还填写一部分高空气象要素的观测记录(如:云和天气现象)。此外,还填写一些反映最近时间气象要素变化趋势的记录(如:3 小时变压,最近 6 小时出现过的天气现象等)。为了能表示同一时刻大气运动的特征,目前,全世界的观测站都统一在世界时(格林尼治时间)00、06、12、18 时进行地面定时观测,即每 6 小时一次。北京时比世界时早8 个小时,因此地面天气定时观测的时间是北京时 08、14、20、02 时。每天有四张地面图。

1.2.2.1 地面天气图的填写格式

地面天气图的填写分两种:陆地站的填写格式和船舶站的填写格式,下面主要介绍陆地站填写格式(图 1-2-1):

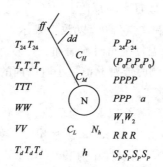

图 1-2-1 陆地站地面天气图填图格式

1. 必填项目

①N——总云量,按表 1-2-1 的符号表示。

②$C_H C_M C_L$——高云状、中云状、低云状,以表 1-2-2 的符号表示。

表 1-2-1　总云量填写符号表

电码	0	1	2	3	4	5	6	7	8	9
符号	◯	◑	◕	◓	◑	◕	●	◔	●	⊗
总云量	无云	1或小于1	2~3	4	5	6	7~8	9~10	10	不明

表 1-2-2　云状的符号

电码	符号	低云状	符号	中云状	符号	高云状
0	不填	没有低云	不填	没有中云	不填	没有高云
1	（符号）	淡积云	（符号）	透光高层云	（符号）	毛卷云
2	（符号）	浓积云	（符号）	蔽光高层云或雨层云	（符号）	密卷云
3	（符号）	秃积雨云	（符号）	透光高积云	（符号）	伪卷云
4	（符号）	积云性层积云	（符号）	荚状高积云	（符号）	钩卷云
5	（符号）	普通层积云	（符号）	系统发展的辐辏状高积云	（符号）	卷层云 云层高度角<45°
6	（符号）	层云或碎层云	（符号）	积云性高积云	（符号）	云层高度角>45°
7	（符号）	碎雨云	（符号）	复高积云或蔽光高积云	（符号）	云层布满全天
8	（符号）	不同高度的积云和层积云	（符号）	堡状或絮状高积云	（符号）	云量不增加也没有布满全天
9	（符号）	鬃积雨云或砧状积雨云	（符号）	混乱天空的高积云，高度不同	（符号）	卷积云

③N_h——低云量，图上填的是电码。电码和云量的关系见表 1-2-3。"×"为不明或缺、错报。和总云量相同时不填。

表 1-2-3　低云量填图电码和云量的关系

电码	0	1	2	3	4	5	6	7	8	9
N_h		1	3			5	6	9	10	×

④h——低云高，以数字表示，以百米为单位。

⑤TTT 和 $T_dT_dT_d$——气温和露点温度，以数字表示，以℃为单位。填写十位、个位，小数一位。十位为零时，省略不填。温度为负时前面加"－"号。

⑥WW——现在天气现象，观测时或观测前一小时以内的天气现象。"××"为不明或缺、错报。现在天气现象的符号见附表 2。

⑦VV——水平能见度，以数字表示，以 km 为单位。

⑧$PPPP$——海平面气压，以数字表示，单位为 hPa。填写后面三位，最后一位为小数。"015"代表气压为 1001.5 hPa；"995"代表气压为"999.5 hPa"

⑨PPP——过去 3 小时气压变化，即观测时的气压与观测前 3 小时气压的差值。分别表示气压变化的个位和小数一位。"×"为缺、错误码。

⑩a——过去 3 小时气压倾向。"＋"表示气压升高，"－"表示气压下降。"×"表示不明。

⑪W_1W_2——过去天气现象，定时绘图天气观测报告前 6 小时内出现的天气现象，补充定时绘图天气观测报告为观测前 3 小时的天气现象。W_1W_2 分别代表两种天气现象。符号所代

表的意义见表 1-2-4。"×"表示不明。

表 1-2-4　过去天气现象填写的符号与意义

电码	0	1	2	3	4	5	6	7	8	9
符号	不填	不填	不填	$\backsim \!\!/\!\!\uparrow$	$\equiv$	,	●	✳	▽	⌐
意义				沙暴或吹雪	大雾	毛毛雨	雨	雪	阵性降水	雷暴

⑫RRR——降水量。用数字表示,单位为 mm。1 mm 以上为整数,小于 1 mm 的填写一位小数,"T"表示微量。

⑬dd——风向。以矢杆表示,矢杆方向指向站圈,表示风的来向。风向的方位以图上的经纬线为准。静风时不填任何符号,在 C_H 上面填有 d 表示风向不明,后面的数字为风速。如 d"15"则表示风向不明,风速 15 m/s。

⑭ff——风速。以矢羽表示。长划"—"表示 4 m/s,短划"‐"表示 2 m/s,一个三角旗表示风速20 m/s,风速不明时,在风向杆尖端填"×"。风速大于 40 m/s 时,在风向杆另一侧填一个">",如 ⦻ 。

2. 选填项目

①$P_{24}P_{24}$——二十四小时变压,以 hPa 为单位,只填十位数和个位数,十位是零时不填。

②$T_eT_eT_e = \begin{cases} T_xT_xT_x & \text{日最高气温。在每日 02 时图上填写。} \\ T_nT_nT_n & \text{日最低气温。在每日 14 时图上填写。} \\ T_gT_gT_g & \text{地面最低气温。当 } TT \leqslant 5℃ \text{时,在每日 08 时图上填写。} \end{cases}$

以上三项填写方法与 TTT 相同。

③$T_{24}T_{24}$——二十四小时变温,以℃为单位,只填十位数和个位数,十位是零时不填。

④$S_pS_pS_pS_pS_p$——重要天气现象。填在图上的是电码数字。只在 02、08、14、20 四个时次的天气图上填写。当有两组或两组以上的重要天气现象报告时,都填在图上。电码所代表的意义如下:

$911f_xf_x$:911 是指示码。表示其后为≥17 m/s 的极大瞬间风速值。以 m/s 为单位。

$92sss$:表示过去 6 小时有雨凇出现。92 是指示码。sss 表示电线积冰直径。以 mm 为单位。

$9939A_2$:表示过去 6 小时内在测站或视区内出现海陆龙卷或尘卷风。9939 是指示码。1 表示海龙卷,2 表示陆龙卷,3 为尘卷。

$996H_gH_g$:表示过去 6 小时内出现冰雹。996 是指示码。H_gH_g 是冰雹的最大直径。以 mm 为单位。

$9977B$:表示河流封冻情况。9977 是指示码。B 为河流封冻情况,以电码表示,见表 1-2-5。

表 1-2-5　B 电码及其意义

电码	河流封冻情况
0	不用
1	本地河流无封冻,但有上游来的冰块出现
2	河面部分冻结
3	河面全部结冰
4	本地河面尚未开始解冻,但已有上游解冻冰块向本地堆集
5	河面开始解冻
6	河面全部解冻

1.2.2.2 地面天气图分析

地面天气图的分析项目通常包括海平面气压场、三小时变压场、天气现象和锋等。

1. 海平面气压场的分析

气压的分布称为气压场,海平面上的气压分布称为海平面气压场,海平面气压场的分析就是在海平面天气图上绘制等压线,即把数值相等的各点连成线。绘制出等压线后,就能清楚地反映海平面高度上气压系统的分布情况。

(1)等值线的分析原则

等值线是空间等值面与某一平面的交线。如等压线、等高线、等温线、等三小时变压线等,都是等值线。绘制等值线时必须遵循下列原则:

①同一条等值线上要素值处处相等。这就是说,分析时必须使等值线通过同一要素值相等的测站。

②等值线一侧的要素值总是高于或低于另一侧的要素值。这就是说等值线只能在高于和低于它本身数值的两个测站之间通过。

③等值线不能相交、不能分岔,不能在图中中断。如图 1-2-2 所示,在图 a 中,如果两根数值不等的等值线 F_1 和 F_2 相交,则交点 A 上就出现两个数值,这是不可能的。因为 A 点上只能有一个数值,其数值或者为 F_1,或者为 F_2。又如在图 b 中,如果两根数值都是 F_1 的等值线相交,则甲区和乙区的数值,对同一根等值线来说应大于 F_1,而对另一根等值线来说却应小于 F_1,这是不可能的。同样,在图 c 中,当等值线分岔时,在乙区既大于 F_1,又小于 F_1,这是不可能的。

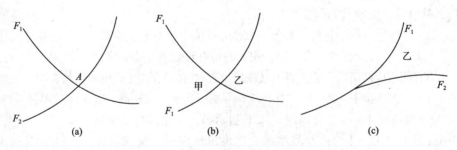

图 1-2-2 等值线的错误分析

④高值区和低值区相邻的等值线,两者的数值总有一个差距(一个规定的数值间隔),如果两条相邻等值线的差为两个间隔,则说明在这两条等值线之间还存在另一条数值在两者之间的等值线。而两个高值区或两个低值区之间相邻的等值线,其数值相等,并且这两条等值线的数值在两个高值区之间必须是最低值,在两个低值区之间必须是最高值。

以上四条规则是绘制等值线的基本规则,必须严格遵守,在任何时候不能违反,否则将犯原则性错误,因此必须反复练习,熟练掌握。

(2)等压线分析的原则

等压线是等值线的一种,在分析等压线时,除了遵守等值线的分析原则,还必须遵循地转风原则:即等压线和风向平行。在北半球,观测者"背风而立,低压在左,高压在右"。但由于地面摩擦作用,风向与等压线有一定的交角,即风从等压线的高压一侧吹向低压一侧,风向和等压线的交角,在海洋上一般为 15°,在陆地平原地区约为 30°(图 1-2-3)。但在我国西部及西南地区大部分为山地和高原的情况下,由于地形复杂,地转风关系常常得不到满足。

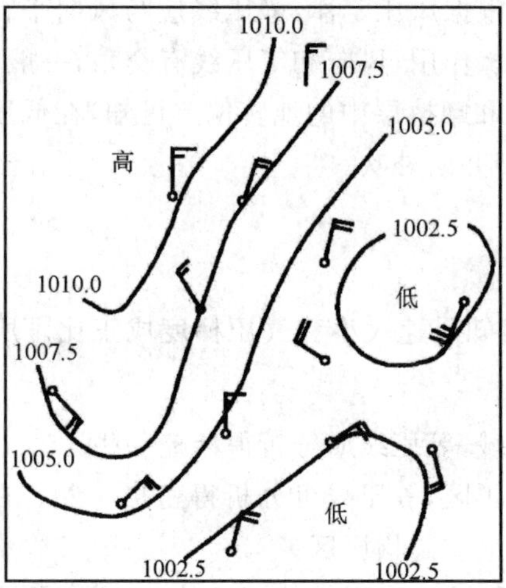

图 1-2-3　等压线与风的关系

(3)等压线分析的技术规定

①等压线用黑色铅笔绘实线,每隔 2.5 hPa 画一条。在亚洲、东亚、中国区域地面天气图上每隔 2.5 hPa 画一条(在冬季气压梯度很大时,也可以每隔 5 hPa 画一条),其等压线的数值规定为:1000.0,1002.5,1005.0 hPa 等,其余依次类推。在北半球、亚欧地面天气图上,每隔 5 hPa 画一条,规定绘制 1000,1005,1010 hPa 等压线,其余依次类推。

②在地面天气图上等压线应画到图边,否则应闭合起来。在没有记录的地区可以例外。但应将各条并列的等压线终(起)至于某一条经线或纬线上。在非闭合等压线两端,应标注等压线百帕数值。如果等压线闭合,则在等压线的正北端开一小口,在缺口中间标注百帕数值,这数值要标注得与纬线平行。

③在低压中心用红色铅笔注"低"(或"D"),高压中心用蓝色铅笔注"高"(或"G"),在台风中心用红色铅笔注"🌀"。气压系统中心位置根据中心附近气压值和风环流的情况而定。通常,高压中心应确定在气压最高和风的反气旋环流中心(图 1-2-4)。低压中心或台风中心应定在气压最低和风的气旋环流中心(图 1-2-5)。

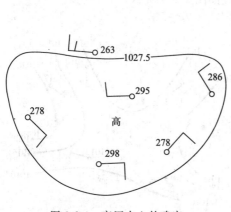

图 1-2-4　高压中心的确定

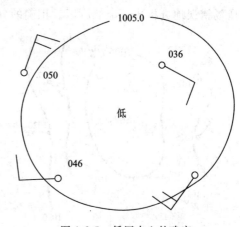

图 1-2-5　低压中心的确定

13

（4）绘制等压线时的注意事项

①要正确使用风的记录：根据风压定律，等压线应与风向平行，在北半球，背风而立，低压在左，高压在右。由于地面摩擦作用，风向和等压线有交角，一般在海上交角为15°左右，在陆地上为30°左右。根据梯度风和摩擦层中的地转偏差可知，在低压区，风呈逆时针旋转并向内吹；在高压区，风呈顺时针旋转并向外吹。

②正确使用内插法：

由地转风
$$\left.\begin{array}{l} u_g = -\dfrac{1}{f\rho}\dfrac{\partial p}{\partial y} \\[2mm] v_g = \dfrac{1}{f\rho}\dfrac{\partial p}{\partial x} \end{array}\right\}$$
可知风速大小和气压梯度成正比。所以风速大的区域，等压线应分析得密集一些；风速小的区域，等压线应分析得稀疏一些。

③根据梯度风原则，在低压区，等压线可分析得密集一些。在高压区，等压线可分析得稀疏一些，在高压中心附近基本上应是均压区。

④等压线一般应保持平滑，除非有可靠的记录外，应避免不规则的小弯曲和突然的曲折。等压线的分布从疏到密或从平直到弯曲之间的变化，必须逐渐过渡。如图1-2-6所示。

⑤两条数值相等的等压线，要尽量避免互相平行而又相距很近。如图1-2-6所示的情况，在没有确实可靠的记录为依据时，应尽可能绘制成实线所示的形式。

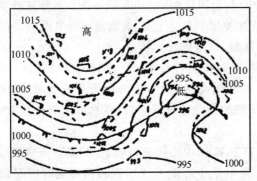
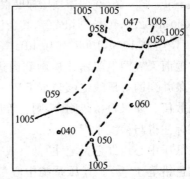

图1-2-6　等压线的画法

⑥绘制等压线时，应尽可能参考风的记录。如图1-2-7，因为没有参考风的记录，结果把鞍形气压场错误地分析成一个低压区。正确的分析应如图1-2-8所示。

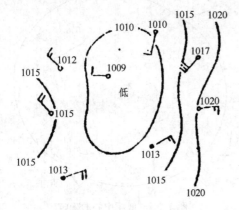

图1-2-7　等压线的错误画法

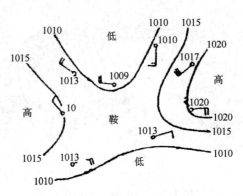

图1-2-8　等压线的正确画法

⑦等压线通过锋面时,必须有明显的折角,或气旋性曲率的突增,而且折角指向高压一侧,如图1-2-9,等压线为通过锋面时的几种常见形式。图1-2-10为等压线通过锋面时的错误画法。

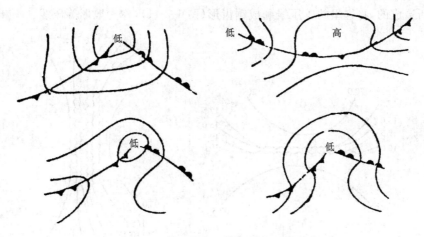

图 1-2-9　等压线通过锋面时的正确画法

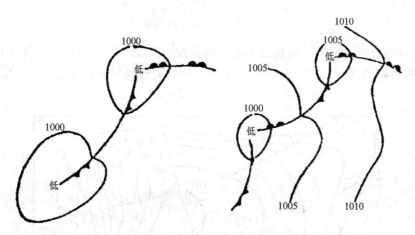

图 1-2-10　等压线通过锋面时的错误画法

(5)绘制等压线的步骤

第一步:在画等压线前,首先要对整个图上的气压和风全面观察,找出高压和低压的大致范围。在风向记录呈气旋式环流的地区一定是低压区,呈反气旋式环流的地区一定是高压区。

第二步:起草勾画出高压和低压的形势。其方法是,首先从记录比较多和比较可靠的地区开始分析;其次,勾画等压线时要自东向西和自北向南画。以免在勾画时,图上记录被手挡住。注意在画等压线时眼睛不要只看铅笔尖所指的地方,而要看到笔尖将要移到的较大范围的记录,一边确定线条将向何方移动,减少画时的错误和出现不必要的小弯曲,从而使线条比较光滑。此外,如遇到比较难分析的地区,可先空着,而是将周围比较容易分析的地区分析好,然后将它们连成一片。

第三步:将分析好的草图全面检查,然后描实,但不要描得过粗。在分析熟练后可不必起草,一次绘成。

（6）地形等压线的绘制

在山地区域,有时由于冷空气在山的一侧堆积,造成山的两侧气压差异很大,使画出来的等压线有明显的变形或突然密集,但这一带并无很大的风速与此相适应,为了说明这种现象是由于山脉所造成的,将这里的等压线画成锯齿形(图1-2-11),称为地形等压线。

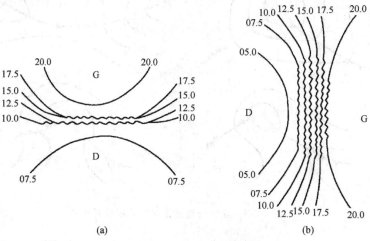

图 1-2-11　地形等压线的画法

我国最常出现的地形等压线是天山地形等压线(图1-2-12)。当冷空气从天山以北下来时,受天山阻挡,大量积聚。在我国常出现地形等压线的地区还有帕米尔、祁连山、长白山、台湾等地。

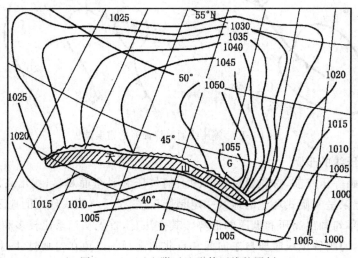

图 1-2-12　天山附近地形等压线的图例

绘制地形等压线的注意事项:

①地形等压线很拥挤时,可把几条等压线用锯齿状线连接起来,但数条等压线不能交于一点,而且进出有序,两侧条数相等。

②地形等压线要画在山的迎风面或冷空气一侧。要与山脉平行,不能横穿山脉。

（7）气压场的基本形式

用等压线分析的气压场有五种基本形式,如图1-2-13所示。任一张天气图都是由这五种基本形式构成的：

①低压：由闭合等压线构成的低气压区，气压从中心向外增大，其附近空间等压面类似下凹的盆地。

②高压：由闭合等压线构成的高气压区，气压从中心向外减小，其附近空间等压面类似上凸的山丘。

③低压槽：从低压区伸出来的狭长区域叫低压槽，简称为槽，槽中气压较两侧的气压要低，槽附近的空间等压面类似于地形中的山谷。常见的低压槽一般从北向南伸展。若槽从南向北伸展则称为倒槽，若槽从东向西伸展则称为横槽，槽中各条等压线弯曲最大处的连线称为槽线，但地面图上一般不分析槽线，只有在高空图上才分析槽线。

④高压脊：从高压区延伸出来的狭长区域叫高压脊，简称为脊，脊中气压值较两侧高。脊附近的空间等压面类似地形中的山脊。脊中各条等压线弯曲最大处的连线称为脊线，但地面图上一般不分析脊线。

⑤鞍形气压场：两个高气压和两个低气压交错相对的中间区域，称为鞍形气压场，简称为鞍形气压场或鞍形区。其附近的空间等压面的形状类似马鞍形状。

2. 等三小时变压线的分析

三小时内的气压变化反映了气压场最近改变状况，使我们能从动态中观察气压系统；它是确定锋的位置、分析和判断气压系统及锋面未来变化的重要根据。

绘制等三小时变压线同样要遵循绘制等值线的基本原则，除此之外，还必须遵守下述技术规定（参见图 1-2-14）：

①等三小时变压线用黑色铅笔绘制细虚线。

②等三小时变压线以零为标准，每隔 1 hPa 绘一条。但在某些很强烈的变压中心周围，等变压线很密集时，可每隔 2 hPa 绘一条。在气压变化不大时，可只画零值变压线。

③每条线的两端要注明该线的百帕数和正负号。

④正变压中心用蓝色铅笔注"＋"，负变压中心用红色铅笔注"－"，并在其右侧注明该范围内的最大变压值的实际值，包括第一位小数在内。

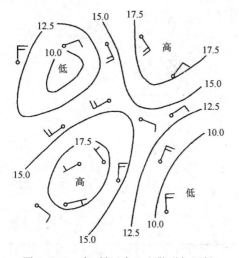

图 1-2-13　高、低压中心和鞍形气压场

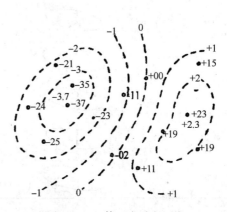

图 1-2-14　等三小时变压线

在绘制等三小时变压线时,往往会遇到与整个情况相矛盾的个别记录,有的可能是地方性影响所引起的,有的可能是错误的,对于这些个别没有重大意义的记录一般可不予考虑。

3. 地面天气图的分析项目和步骤

地面天气图的分析项目和步骤并无完全一致的规定。预报员可根据当时预报时的着重点,以及自己认为合适的程序灵活掌握。对于一个初学者来说,为了进行课堂教学,采用以下程序比较合适:

①绘制等三小时变压线,勾画规范所规定的天气区。天气区的标注方法见表1-2-6,在实际工作中,为了争取时间及时地发布预报,这一步骤可以简化。

②描绘锋和高压中心的过去位置,并注明时间和强度(锋的表示方法见表1-2-7)。

③从最近几张连续的地面与高空图了解最近天气过程中的一般形势及发展趋向,和本张图上云和降水的符号及区域相对照,再对当时所关心的区域范围内气象要素与天气现象的分布做一般的观察,从而掌握大致的演变情况。

④初步确定锋的位置,了解本张图上不同性质气团占据的大致区域,以及它们最近的移动和变形概况。

⑤轻描等压线。

⑥将初步绘制出的气压场及天气分布情况用来与初步确定的锋区相校正,将等压线和锋的位置适当地加以修改,最后确定锋的位置和类型。在这一步骤中可以考察一下有无锋的新生和原有锋的消失。

⑦完成绘图工作,包括等压线描实及其他属于规范规定的符号。

表1-2-6　主要天气区的表示方法

天气	成片的	零星的	说明
连续性降水			绿色
间歇性降水			绿色
阵性降水			绿色
雷暴			红色
雾			黄色
沙(尘)暴			棕色
吹雪			绿色
大风			棕色

表 1-2-7　锋的符号

锋的种类	分析图上的符号		单色印刷图上的符号
暖锋	红色	▬▬▬▬▬	●●　　●●
冷锋	蓝色	▬▬▬▬▬	▼　　▼
准静止锋	蓝色 红色	▬▬▬▬▬	●▼　●▼
锢囚锋	紫色	▬▬▬▬▬	●▲　●▲
飑线	蓝色	—V—V—V—	—V—V—V—
切变线	棕色	▬▬▬▬▬	▬▬▬▬▬
热带辐合带	棕色	▬▬▬▬▬ ▬▬▬▬▬	—————
露点锋	棕色	▽　▽　▽	▽　▽　▽

1.2.3　任务实施步骤

(1)学习知识准备内容;每人发地面初步分析图一套,熟练掌握地面图上各种填图符号的填写方法。

(2)在历史天气图上选择测站资料,填写表 1-2-8 中各气象要素。

(3)学习地面天气图分析的技术规定,在地面天气图初步分析中完成等压线、等三小时变压线分析。正确标注高、低压中心。掌握锋面附近气压场和变压场的特征。

(4)讨论题:①地面天气图上分析的项目有哪些?

②地形等压线分析中应注意哪些因素?

表 1-2-8　地面天气图各个气象要素填写

填图信息(由学生自己填写)	各数字及符号所代表的气象要素及数值
例:	气压:1015.0 hPa;气温:−4℃;露点温度:−4℃;能见度; 风向:北风;风速:6 m/s;总云量:10 成;低云高度:600 米; 云状:低云:层云或碎层云;中云:蔽光高层云或雨层云;高云:无 三小时气压变化:气压上升 1.2 hPa。 现在重要天气现象:连续性中雪　过去天气现象:雪
	气压:　　;气温:　　　露点温度:　　能见度: 风向:　风速:　总云量:　低云高度: 云状:低云:　　中云:　　高云: 三小时气压变化: 现在重要天气现象:　　过去天气现象:

填图信息（由学生自己填写）	各数字及符号所代表的气象要素及数值
	气压：　　　；气温：　　　露点温度：　　　能见度： 风向：　　风速：　　总云量：　　低云高度： 云状:低云：　　中云：　　高云： 三小时气压变化： 现在重要天气现象：　　　过去天气现象：
	气压：　　　；气温：　　　露点温度：　　　能见度： 风向：　　风速：　　总云量：　　低云高度： 云状:低云：　　中云：　　高云： 三小时气压变化： 现在重要天气现象：　　　过去天气现象：
	气压：　　　；气温：　　　露点温度：　　　能见度： 风向：　　风速：　　总云量：　　低云高度： 云状:低云：　　中云：　　高云： 三小时气压变化： 现在重要天气现象：　　　过去天气现象：
	气压：　　　；气温：　　　露点温度：　　　能见度： 风向：　　风速：　　总云量：　　低云高度： 云状:低云：　　中云：　　高云： 三小时气压变化： 现在重要天气现象：　　　过去天气现象：
	气压：　　　；气温：　　　露点温度：　　　能见度： 风向：　　风速：　　总云量：　　低云高度： 云状:低云：　　中云：　　高云： 三小时气压变化： 现在重要天气现象：　　　过去天气现象：
	气压：　　　；气温：　　　露点温度：　　　能见度： 风向：　　风速：　　总云量：　　低云高度： 云状:低云：　　中云：　　高云： 二小时气压变化： 现在重要天气现象：　　　过去天气现象：

任务 1.3 等压面图分析

1.3.1 任务概述

认识高空天气图的填图资料,高空天气图上各种填图符号及数字的含义;依据等值线的分析原则,学会在高空天气图上分析等高线,等温线,槽线、切变线,高低压中心,冷暖中心;学会依据等高线和等温线的配置分析锋区位置,温度平流、湿度平流。

1.3.2 知识准备

天气变化是三度空间的现象,它不仅取决于低层,而且也受高层大气运动状态的支配。为了正确地预报未来的天气,不仅要掌握地面天气图分析,还要掌握大气的气压场、风场、湿度场、和温度场的空间分布及其相互关系,就需要分析高空图。在实际工作中普遍采用的高空图是填写在同一等压面上气象记录的等压面图,通常有 850、700、500、400、300、200、150、100 hPa 等处的等压面图。气象台最常用的等压面图有 850、700、500 hPa 三种。图上填绘该等压面上的位势高度、温度、风向风速和湿度等要素。每天在世界时 00、12 时(北京时 08、20 时)进行两次高空观测。

1.3.2.1 等压面图的概念

空间气压相等的各点组成的面,称为等压面。由于同一高度上各地的气压不可能都相同,所以等压面不是一个水平面,而是一个像地形一样的起伏不平的面。用来表示等压面的起伏形势的图称为等压面形势图,通常用绝对形势图(简称 AT 图)和相对形势图(简称 OT 图)来表示。

1. 绝对形势图

等压面相对于海平面的形势称为绝对形势图,通常用等压面上的等位势高度线(简称等高线)来表示。将各站某时刻同一等压面所在的位势高度值填在图上,然后连接高度相等的各点绘出等高线,从等高线的分布就可以看出等压面的起伏形势。如图 1-3-1:P 为等压面,H_1,H_2,$\cdots$,H_5 为厚度间隔相等的若干水平面,它们分别和等压面相截(截线以虚线表示),因每条截线都在等压面 P 上,故所有截线上各点的气压均等于 P,将这些截线投影到水平面上,便得出 P 等压面上距海平面分别为 H_1,H_2,$\cdots$,H_5 的许多等高线,其分布情况如图的下半部分所示。

从图中可以看出,和等压面凸起部分相应的是一组闭合等高线构成的高值区,高度值由中心向外递减;和等压面下凹部位相应的是一组闭合等高线构成的低值区,高度值由中心向外递增。

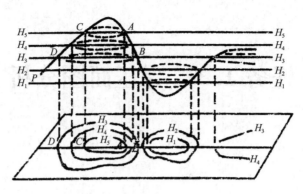

图 1-3-1 等压面和等高线的关系

从图中还可以看出,等高线的疏与密是和等压面坡度的大与小相对应的:即等压面平缓的地方,等高线较稀疏,表示水平气压梯度小,等压面陡的地方,等高线密集,表示水平气压梯度大。所以等压面坡度与水平气压位势梯度成正比关系。

分析等压面形势图的目的是要了解空间气压场的情况。因为等压面的起伏不平实际上反映了等压面附近的水平面上气压分布的高低。例如在图 1-3-2 中,在等压面 P 上,$P_A = P_B = P_C = P$,A 点附近的位势高度比四周高,等压面向上凸起,C 点附近的位势高度比四周低,等压面向下凹陷。在等压面附近选取水平面,在水平面上,选取 A',B',C',由于 $P_A < P_{A'}$,$P_C > P_{C'}$,$P_B = P_{B'}$,则 $P_{C'} < P_{B'} < P_{A'}$,由此可知,在同高度上,气压比四周高的地方,等压面的高度也较四周高,向上凸起。气压比四周低的地方,等压面高度也低,向下凹陷。因此通过等压面图上的等高线的分布,就可以知道等压面附近空间气压场的情况。位势值高的地方气压高,位势值低的地方气压低,等高线密集的地方水平气压梯度大。

日常天气预报工作中分析的等压面绝对形势图有以下几个标准层次:

850 hPa 等压面图(AT850)位势高度约 1500 gpm(位势米)左右;

700 hPa 等压面图(AT700)位势高度约 3000 gpm(位势米)左右;

500 hPa 等压面图(AT500)位势高度约 5500 gpm(位势米)左右;

300 hPa 等压面图(AT300)位势高度约 9000 gpm(位势米)左右;

200 hPa 等压面图(AT200)位势高度约 12000 gpm(位势米)左右;

100 hPa 等压面图(AT100)位势高度约 16000 gpm(位势米)左右。

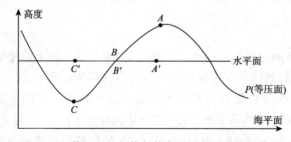

图 1-3-2 等压面的起伏与等高面上气压分布的关系

2. 相对形势图

除了等压面绝对形势图之外,还有表示两等压面间相对距离的分布形势图,称为相对形势图。如图 1-3-3 所示,相对形势图也就是两层等压面间的厚度图(以 OT 图表示),图上的等值线就称为等厚度线。日常工作中主要绘制 1000～500 hPa 等压面间的厚度图即:OT_{1000}^{500} 图。

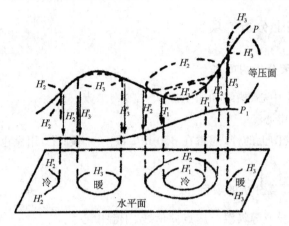

图 1-3-3 相对形势图

实际上,相对形势图反映的是给定的两等压面间气层平均温度分布状况。将静力学方程 $dp=-\rho g dz$ 或 $dp=-9.8\rho dH$,积分即得 P_1 与 P 之间的厚度为:

$$H_{p_1}^p = H_p - H_{p_1} = \frac{RT_m}{9.8}\ln\frac{P_1}{P}$$ (1-3-1)

式中 $H_{p_1}^p$ 也称相对位势。此式表明,当 P_1 和 P 给定时,$H_{p_1}^p$ 仅为该气层的平均温度 T_m 的函数。如气层的平均温度愈高,则 $H_{p_1}^p$ 愈大;如气层的平均温度愈低,则 $H_{p_1}^p$ 愈小。事实上,气温高的地方,空气密度小,单位气压的高度差大,因而两等压面间的厚度也大。反之,气温低的地方,空气密度大,单位气压的高度差小,因而两等压面间的厚度就小。因此,相对形势图上的等厚度线同时也是气层的平均等温线,两者仅在数值上不同而已。所以用厚度图来判断冷暖空气的分布情况。在 OT 图上,相对位势的低值区域相当于冷区,相当位势的高值区就相对于暖区,等相对位势线分布密集的区域就是温度梯度较大的地方。

3. 位势高度的概念

在气象上等压面的高度不是指日常的几何高度,而是位势高度,单位是位势米(gpm),是一种能量单位。

位势米:单位质量的空气块,当重力加速度 g=9.8 m/s^2 时,上升 1 m 所做的功。

$$1\ gpm = 9.8\ J/kg \approx 1\ m$$

1.3.2.2 等压面图的填写格式(图 1-3-4)

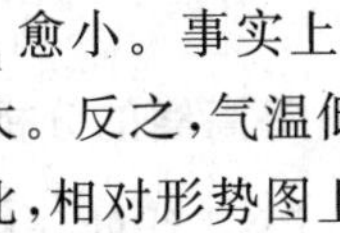

①HHH 为等压面上的位势高度。图上填写的是位势高度的千位、百位、十位数。850 hPa 的千位数是 1;700 hPa 的千位数是 2 或者 3;500 hPa 的千位数是 5。

②TT 为等压面的温度。填写十位、个位数。气温在零摄氏度以下时,数值前加"−"号。

③DD 为等压面上的气温与露点差。5℃ 以下填写个位、小数一位;5℃ 以上填写十位、个位。

图 1-3-4 等压面图填图格式

23

④dd 和 ff 分别为风向、风速,填写方法与地面天气图相同。

1.3.2.3　等压面图上分析的项目

1. 等压面图上必须分析的项目

①等高线、高、低压中心、槽线和切变线。

②等温线及冷、暖中心。

③同时间地面天气图上的锋(通常在 850 hPa 或 700 hPa 上,用黑色铅笔按单色印刷符号描绘)。

2. 等压面图上视需要分析的项目

①湿度场:等露点线或等气温与露点差值线、干湿中心。

②脊线。

③温度平流、平流零线、湿度平流。

④同时间地面天气图上大范围的雷暴、降水等天气区。

⑤主要气压系统的移动路径。

1.3.2.4　等压面图的分析

1. 等高线的分析

(1)等高线的分析原则

因为等压面的形势可以反映出等压面附近气压场的形势,而等高线的高(低)值区对应于气压场的高(低)压区,因此,等压面上风与等压线的关系,和等高面上风与气压场的关系一样,适合地转风关系:①等高线的走向和风向平行,在北半球,背风而立,高压在右,低压在左;②等高线的疏密(即等压面的坡度)和风速的大小成正比。

因为高空空气的运动,受地面摩擦的影响很小,因此等高线和风向的关系,与地转风关系非常接近,等高线基本和高空气流的流线一致。因此,在进行等高线分析时要特别重视流场的情况。

(2)等高线分析的技术规定

①等高线用黑色铅笔以平滑实线绘制。每隔 4 或 8 位势十米(亦作位势什米,见本书附图 T-$\ln P$ 上,dagpm)画一条等高线,各线两端都应标注位势十米(dagpm)数。规定:

850 hPa 分析…,144,148,152,…位势十米

700 hPa 分析…,296,300,304,…位势十米

500 hPa 分析…,552,556,560,…位势十米

100 hPa 分析…,1640,1648,…位势十米

②在等压面图上,高位势中心用蓝色铅笔标注"G"(或"高"),低位势中心用红色铅笔标注"D"(或"低")。并且,"G""D"字的标注和地面图一样,要标注在环流的中心。

③在 700 hPa 和 500 hPa 图上分别用带箭头的蓝色和红色铅笔实线表示过去 12 小时或 24 小时高、低压中心移动路径,并标出高、低压中心的强度。

2. 等温线的分析

根据等压面上的温度记录绘制等温线。同时还应该参考等高线形势分析。这是因为空气的温度越高,则空气密度越小,气压随高度的降低也越慢,等压面的高度就越高,例如 700 hPa 或 500 hPa 以上的等压面,高温区往高压脊附近温度场往往有暖脊存在,而在低压槽附近往往有冷槽存在。经过等温线分析后,可以看到温度场中有冷、暖中心和冷槽、暖脊。等温线的密集带是冷、暖空气温度梯度比较大的地方,应注意是否有锋区存在。

等温线分析的技术规定:

①等温线用红色铅笔细实线绘制。以 0℃ 为基准,每隔 4℃ 画一条等温线,各线两端都应标明温度数值。如…−4℃,0℃,4℃…等。

②AT$_{500}$图如与 OT$_{500}$ 图合画在一张图上,则不再绘制等温线。等厚度线用红色铅笔每隔 4 位势十米分析一条。

③温度场的冷中心用蓝色铅笔标注"L"或"冷",暖中心用红色铅笔标注"N"或"暖"。

3. 湿度场的分析

湿度场的分析和温度场的分析相同,分析等比湿线或等露点线或等温度—露点差线。湿度场中有干湿中心和湿舌、干舌,这些与温度场中的冷暖中心和暖脊、冷槽对应。为了表示湿度场,AT850 图上应绘制等比湿线,但不必在全图范围内绘制,而只在国内和国外有关地区绘制即可,也可用等露点线来代替等比湿线。等比湿线用绿色铅笔以平滑实线绘制。规定绘制 0.5,1,2,4,6 等线(2 g/kg 以上每隔 2 g/kg 画一条),并在每条线上标明数值。在比湿最大和最小区域中心用绿色铅笔标注"Sh"字(或"湿"字)和"Gn"字(或"干"字)。

4. 槽线、切变线的分析

等压面图上,槽线是低压槽内等高线气旋性曲率最大各点的连线,是气压场的特征。而切变线则是风场的不连续线,在这条线的两侧风向或风速有较强的气旋式切变,是流场的特征。两者的共同特点是风向具有较强的气旋式切变,槽线应分析在各等高线气旋性曲率最大的地带;切变线应分析在风向或风速有明显差异的地区,通常是在两个存在风切变的冷高压和暖高压之间(图 1-3-5)。

在 AT 图上,要用棕色铅笔画出当时的槽线和切变线,用黄色铅笔描上前 12(或 24)小时的槽线和切变线。

分析槽线和切变线时要注意下列几点:

①为了要分析槽线和切变线,一般在分析等高线之前,先根据槽线和切变线的过去位置和移动速度。从图上风的切变定出它们的位置。然后绘制等高线,使槽线附近等高线的气旋性曲率最大。最后确定槽线和切变线的位置。

②不要把两个槽的槽线连成一个。

③切变线上可以有辐合中心,两条切变线可以连在一起。

高空槽的基本形式:

竖槽:在中纬度西风带槽线呈南北走向的低槽。槽线后为西北风,槽线前为西南风,槽线上为西风(图 1-3-6a)。

横槽:冷锋式横槽,槽线后为东北风,槽线前为西北风,槽线上为北风(图 1-3-6b);暖锋式横槽,槽线后为西南风,槽线前为东南风,槽线上为南风(图 1-3-6c)。

倒槽:槽线后为东南风,槽线前为东北风,槽线上为东风(图 1-3-6d)。

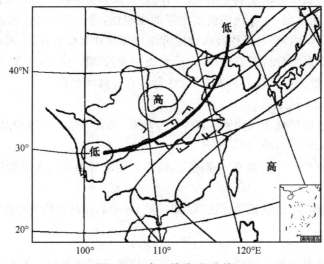

图 1-3-5 高空槽线、切变线

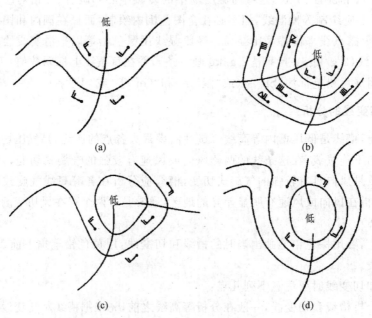

图 1-3-6 高空槽的基本形式

切变线的种类:

冷锋式切变线:后部为东北风,前部为偏西风,以冷空气势力为主,一般向东南方向移动(图 1-3-7a)。

准静止锋式切变线:一般处于两高之间,后部为偏东风,前部为偏西风,冷暖空气势力相当,可以不移动、少移动,南北摆动或系统移动(图 1-3-7b)。

暖锋式切变线:后部为西南风,前部为东南风,以暖空气势力为主,一般向东北方向移动(图 1-3-7c)。

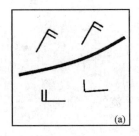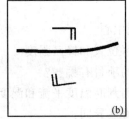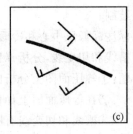

图 1-3-7 常见的切变线类型

(a)冷锋式切变线;(b)准静止锋式切变线;(c)暖锋式切变线

5. 温度平流和湿度平流的分析

温度平流分析:冷暖空气的水平运动而引起某些地区增暖或变冷的现象,称为温度平流变化,简称温度平流。在等压面图上根据等高线和等温线的配置关系,就能很容易地看出温度平流的情况。同理,湿度平流是指干、湿空气的水平运动而引起的某些地区湿度改变的现象。

如图 1-3-8:等高线与等温线相交,气流由冷区流向暖区,有冷平流;气流由暖区流向冷区有暖平流。图 c 中,左边为冷平流,右边为暖平流,在冷暖平流之间可划出一条界线,沿着这条线上温度平流变化为零,称为平流零线。平流零线通过等高线和等温线平行的地方,并通过温度场的冷暖中心。

温度平流的强度可以从以下三点来判断:

①温度平流与等高线的疏密成正比。如果其他条件相同,等高线越密,则风速越大,平流强度也越大;反之,风速越小,平流强度越小。

②温度平流与水平温度梯度成正比。如果其他条件相同,等温线越密,平流强度也越大;反之,平流强度越小。

③等温线与等高线的夹角越接近于直角,平流强度越大,越接近平行,平流强度越小。

在各层等压面图上分析等温线及冷、暖中心。在温度梯度大的地带,应注意是否有锋区存在。

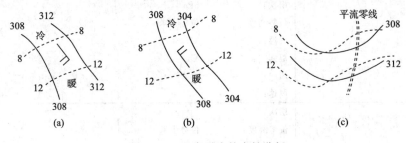

图 1-3-8 温度平流的定性分析

1.3.3 任务实施步骤

(1)每人发等压面初步分析图一套(500,700,850 hPa 各一张),熟练掌握等压面图上各种填图符号的填写方法。

(2)在历史天气图上选择测站资料,填写表 1-3-1 中各气象要素。

(3)学习等压面图分析的技术规定,按照等压面图分析的步骤,完成全套等压面图上等高线、等温线的绘制。

(4)正确标注高低压中心和冷暖中心。

(5)分析槽线和切变线,分析锋区位置和锋区强度。

(6)讨论题:①等压面图上分析的项目有哪些?

②在等压面图上如何判断温度平流和湿度平流?

③槽线和切变线有哪些异同?

表 1-3-1　等压面天气图各个气象要素填写

填图信息(由学生自己填写)	各数字及符号所代表的气象要素及数值	
例:　-13, 580　27	层次:500 hPa 位势高度:580 位势十米 气温:-13℃ 温露差:27℃ 风向:西北 风速:18 m/s	
	层次:　　　　hPa 位势高度:　　　　位势十米 气温:　　　　℃ 温露差:　　　　℃ 风向: 风速:	
	层次:　　　　hPa 位势高度:　　　　位势十米 气温:　　　　℃ 温露差:　　　　℃ 风向: 风速:	
	层次:　　　　hPa 位势高度:　　　　位势十米 气温:　　　　℃ 温露差:　　　　℃ 风向: 风速:	
	层次: 位势高度:　　　　位势十米 气温:　　　　℃ 温露差:　　　　℃ 风向: 风速:	
	层次:　　　　hPa 位势高度:　　　　位势十米 气温:　　　　℃ 温露差:　　　　℃ 风向: 风速:	

任务1.4 垂直剖面图分析

1.4.1 任务概述

认识剖面图的填写方法、分析方法和分析原则,学会在剖面图上分析等值线(T、θ、θ_{se}、q、$T-T_d$)的方法。学会分析锋区、对流层顶。学会在剖面图上分析锋面的空间结构。

1.4.2 知识准备

天气变化是大气中三维空间发生的现象,为了分析大气运动的垂直结构,还须制作剖面图。根据剖面图坐标的选择,可将剖面图分为两种:垂直空间剖面图和垂直时间剖面图,分别简称为:空间剖面图和时间剖面图。

空间垂直剖面图:是以基线的水平距离为横坐标,以高度或气压的对数为纵坐标,用于分析同一时刻某气象要素或天气系统在某一垂直剖面上的结构。

时间垂直剖面图:是以时间为横坐标,以高度或气压的对数为纵坐标,用于了解某一测站上空的天气及天气系统随时间连续演变的情况。

1.4.2.1 空间垂直剖面图

1. 基线(剖线)的选择

基线:即垂直剖面与海平面的交线。

基线的选择没有统一的规定,根据所研究的问题而定:

①经圈剖面图,基线选在某一子午面上,可以了解该子午面上的温度场和风场的结构。

②研究某一天气系统或天气现象区时,可以取一个能明确表示这一天气系统或天气区的方向作为剖面图的基线。例如,要了解锋面的空间结构,基线最好与锋区垂直。

③所选基线上应有较多测站,测站间距离也不能太远,否则难以分析。

④剖线的左右两方所表示的方向是统一规定的。如:纬向(或接近纬向)西方在左,东方在右;经向,北方在左,南方在右。

2. 剖面图填写与分析方法

(1)填写项目

在剖面图上要填写探空报告中标准层和特性层的各项记录(图1-4-1)。

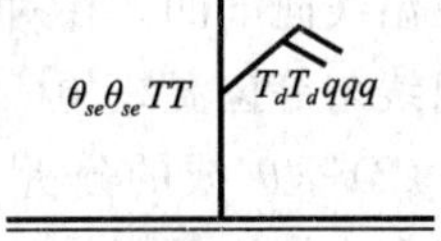

图1-4-1 剖面图的填写格式

TT——气温,以摄氏度(℃)为单位。

T_dT_d——露点,以摄氏度(℃)为单位。

qqq——比湿,以 g/kg 为单位。

$\theta_{se}\theta_{se}$——假相当位温(也可以为位温 $\theta\theta$)以绝对温度(K)表示。

此外,将各高度上的高空风向风速记录填写在相应的等压面高度上,填写方法与等压面图相同。同时将剖线上测站同一时刻的地面天气报告填写在剖线的下方。

(2)分析项目与技术规定

等温线:每隔 4℃用红铅笔画一条实线。等假相当位温线(或等位温线):每隔 4K 用黑色铅笔画实线。

等比湿线:用紫色铅笔分析 0.5,1,2,4,6,…g/kg,可根据需要分析。

锋区:按地面图上有关分析锋的规定,标出剖面上不同性质锋的上、下界。

对流层顶:用蓝色铅笔标出其顶所在位置。

其他:根据需要有时还可以在剖面图上分析涡度、散度、水平风速、地转风速、垂直速度、降水区、积冰层等。

3. 剖面分析

(1)等温线与等 θ 线之间的关系

位温:$\theta=T\left(\dfrac{1000}{P}\right)^{\frac{R}{C_p}}$,其中 T 为气温,R 为比气体常数,C_p 为比定压热容;位温随高度的变化:$\dfrac{\partial\theta}{\partial z}=\dfrac{\theta}{T}(\gamma_d-\gamma)$,其中,$\gamma=-\dfrac{\partial T}{\partial z}$ 为气温垂直递减率,$\gamma_d=-\dfrac{g}{c_p}$ 为干绝热过程气温垂直递减率。

一般情况下:$\dfrac{\partial T}{\partial z}<0$ 温度随高度递减,$\gamma<\gamma_d$ 而 $\dfrac{\partial\theta}{\partial z}>0$ 位温随高度递增。

在锋区中:$\dfrac{\partial T}{\partial z}>0$ 温度随高度递增,$\gamma<0$,$\dfrac{\partial\theta}{\partial z}\gg0$ 位温随高度递增很快,即在稳定层结中位温随高度增加要比不稳定层结快。也就是说,在锋区中等位温线密集(图1-4-2)。

当 $\gamma=\gamma_d$ 时,$\dfrac{\partial\theta}{\partial z}=0$ 位温随高度不变。

当 $\gamma>\gamma_d$ 时,层结不稳定,$\dfrac{\partial\theta}{\partial z}<0$ 位温随高度递减。

气团内部的等温线与等位温线的位相是相反的(图1-4-3)。根据位温 $\theta=T\left(\dfrac{1000}{P}\right)^{\frac{R_d}{C_{pd}}}$,温度 T 愈高,θ 愈大,T 愈低,θ 愈小。设有两点 A 和 B,高度相同,A 点的 T、θ 分别为 T_A、θ_A,B 点的 T、θ 分别为 T_B、θ_B,设 $T_A>T_B$,则 $\theta_A>\theta_B$,再在 B 的垂直方向上找两点,B_1 和 B_2,令 $T_{B1}=T_A$,$\theta_{B2}=\theta_A$,则 B_1 点位于 AB 高度以下,B_2 点位于 AB 高度以上。所以在剖面图上,当等温线向下凹(即为冷空气)时,等位温线便向上凸起来;相反,等温线向上凸(即为暖空气)时,等位温线向下凹。在对流层中,通常气温是随高度而降低,位温随高度而增加。因此剖面图上等温线与等位温线的凹凸情况一般是相反的。

(2)等 θ_{se} 线的分析

在水汽比较充足的地方,在剖面图上分析 θ_{se} 而不是 θ,因为 θ_{se} 对干、湿热过程来说都是保守的,在锋区附近常有降水过程,θ 就失去保守性。而 θ_{se} 还是保守的,也就是说,在凝结或蒸发的过程中 θ_{se} 是准保守的。

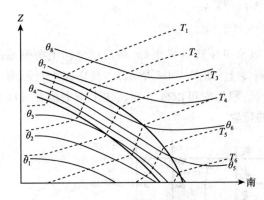

图 1-4-2　锋面附近等温线和等位温线分布

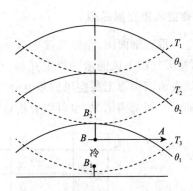

图 1-4-3　等温线与等位温线的关系

（实线为等位温线，虚线为等温线）

在剖面图上分析等 θ_{se} 线的作用：

①等 θ_{se} 线随高度的分布，能反映大气层结对流不稳定的情况。当 $\frac{\partial \theta_{se}}{\partial z}<0$ 时，大气为对流性不稳定；当 $\frac{\partial \theta_{se}}{\partial z}>0$ 时，大气是对流性稳定。

②根据等 θ_{se} 线的分布，可判断上升运动区和下沉运动区。在等 θ_{se} 分布上，自地面向上伸展的舌状高值区，多为上升运动区；自高空指向低层的舌状高值区，多为下沉运动区。

（3）对流层顶的分析

对流层与平流层之间的界面，称为对流层顶。对流层里，一般温度随高度降低，平流层下部，温度随高度变化可能是逆温、等温或递减率很小。等温线通过对流层顶时有显著的转折，折角指向较暖的一方。在对流层顶之上，等位温线非常密集（图 1-4-4）。

（4）锋区分析

锋区是个倾斜的稳定层，锋区内温度水平梯度远大于气团内的温度水平梯度。等温线通过锋区边界时有曲折。等温线在锋区内垂直方向上表现为稳定层，等 θ_{se} 线与锋区近于平行，而且等 θ_{se} 线在锋区内特别密集（图 1-4-5）。

（5）风场分析

根据需要在剖面图上绘制实际风或地转风的等风速线。

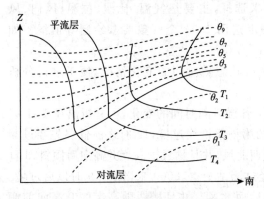

图 1-4-4　对流层顶的热力结构图

（细实线为等温线，虚线为等位温线）

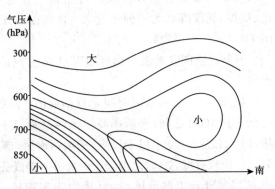

图 1-4-5　锋附近等 θ_{se} 线的分布

4. 高空风垂直剖面图

高空风垂直剖面图,是以高度为纵坐标,以水平距离为横坐标,将沿横坐标上各测站高空风记录,按天气图上风的填写规定在相应的高度上(如图1-4-6所示)。高空风垂直剖面图可以直观地表示剖面图上高空风的垂直分布情况,利用它可以分析剖面图上空中槽脊或风场上切变线的位置和结构情况,也可以分析锋面的位置。

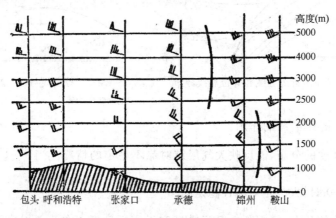

图 1-4-6　高空风垂直剖面图

1.4.2.2　时间垂直剖面图

表征某一地点上空气象要素值和物理量或者天气系统随时间变化的天气图解,又称时间垂直剖面图。常取时间为横坐标,高度或气压的对数值为纵坐标。图中填写某一测站不同时间的各高度上的气象要素和物理量。

为了分析系统的过境时间,时间坐标的方向,通常根据天气系统的移动方向来选择:对于天气系统是自西向东移动的,剖面图的起始时间应列在右端,时间从右向左推进(图1-4-7,图1-4-8,图1-4-9);对于天气系统主要自东向西移动的,起始时间应列在左端,时间从左向右推进。这样,在剖面图上分析出来的系统,可与等压面图上的系统对照。例如,等压面图上西风槽前为西南风,槽后为西北风,剖面图上槽前槽后的分布也是如此。图上,各个时间所填写的气象要素和分析项目可根据工作需要来选择,主要是气温、比湿、位温、风向、风速、散度、涡度等。为了便于比较,通常在一张图上选用1~3个气象要素绘制等值线。如图1-4-8。

时间剖面图能够表示出经过某测站上空的大气状态随时间的变化情况,便于进行分析比较。

如图1-4-7是高空风时间垂直剖面图。从图上各层风随时间的变化,可分析出在1日07时至4日19时之间,有两条高空槽线过境,1日的第一条槽线过境,19时之前低层先经过测站,19时以后2500米以上过境,槽前西南风,槽后西北风,并且槽线随高度升高向后倾斜;3日第二条槽线过境,19时之前,2000米以上槽线先经过测站上空,2000米以下,19时以后过境。槽前1500米以上西南风,1000米以下东南风,槽后西北风。并且槽线随高度的升高向前倾斜,是典型的前倾槽。

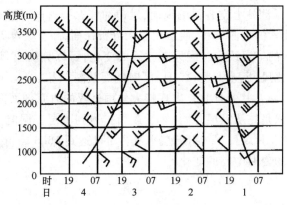

图 1-4-7 高空风时间垂直剖面图

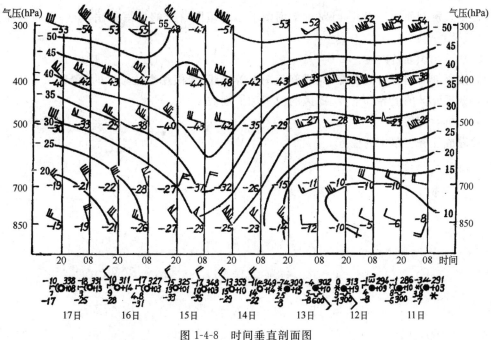

图 1-4-8 时间垂直剖面图

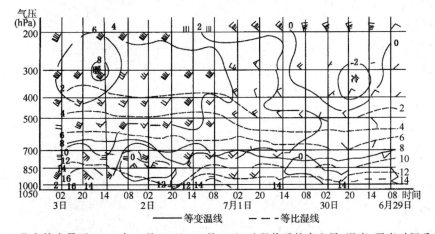

—— 等变温线 - - - 等比湿线

图 1-4-9 北京特大暴雨(1973 年 6 月 29 日—7 月 3 日)过程前后的高空风、温度、湿度时间垂直剖面图

如图 1-4-8 是填写了测站上空各层的风向、风速和气温资料的时间剖面图,同时在图的下面填写了地面各气象要素的观测资料,通常用它来分析锋面、高空槽等天气系统经过测站的时间和空间结构。从图上的等温线和各层风随时间的变化,可以分析出,该测站在 13 日有冷锋前沿过境,风向转为西北风,风速大增,15 日 08 时地面及高空各层等压面温度下降明显。

如图 1-4-9 是 1973 年 7 月 2 日北京出现特大暴雨过程的时间剖面图。图中显示出这次大暴雨发生前,风速的增强是先从上层开始,然后逐渐扩展到下层。同时,低层水汽含量也随时间增大,并向上扩展,到 7 月 3 日 02 时,低层水汽含量已达到 16.6 g/kg。图中还显示,在暴雨产生之前,对流层上层的变温中心的变化。

1.4.3 任务实施步骤

(1)每人发剖面图一张,熟练掌握剖面图上各种填图符号的填写方法,了解空间剖面图的结构。

(2)学习知识准备内容。

(3)按照剖面图分析的步骤,完成剖面图上等温线、等假相当位温线的绘制。

(4)分析锋区的上界和下界、锋区的位置和锋面坡度。

(5)分析对流层顶。

(6)完成任务工单中的任务。

任务 1.5　单站高空风图分析

1.5.1　任务概述

认识单站高空风图的填写方法、结构、用途。学会在高空风图上绘制风向风速矢线,分析冷暖平流,分析测站附近的不稳定区域,分析锋面性质、位置、强度、走向和移速。

1.5.2　知识准备

1.5.2.1　单站高空风图的填绘

单站高空风图是一种特制的极坐标图,将某测站测得的高空风风向、风速填在极坐标图上。它由极点辐射出许多直线,以度量风的方向,以 O 点为圆心的不同半径的许多同心圆是等风速线。

在摩擦层以上,风随高度的变化遵从热成风原理。所以从摩擦层顶开始,由下向上按测风报告填写各层记录。

填写的方法是:根据测风报告中某层的风向、风速,在图上绘制风矢线(带箭头的线段)并注明该层的高度(单位为 km,1 位小数)。

1.5.2.2　单站高空风图的分析

1. 冷暖平流的分析

在自由大气中的某层若有冷平流,则该层的风随高度升高将发生逆时针偏转;若有暖平流,则风随高度将发生顺时针偏转。利用单站高空风图可以很清楚地判断风随高度所偏转的方向,因而也就很容易地用它来判明测站上空冷暖平流的实际情况。例如,在图 1-5-1 中,在地面以上 1～3 km 的气层中,风随高度升高呈逆时针偏转,因此表示该气层中有冷平流;在 3 km 以上的气层中,风随高度升高呈顺时针偏转,表示该气层中有暖平流。

2. 大气稳定度的分析

相对不稳定区的分析:在单站的高空风图上,根据各层的热成风方向就可以判断出各层中相对冷暖的分布。如有上下相邻两个较厚的气层(通常厚度大于 1000 m)热成风方向就有明显的不同,则可将两气层的热成风平移到图上的空白处,绘成交叉的两条矢线,因而如图 1-5-2 所示的那样构成四个部分,交点表示本站所在处,四个部分分别表示相对于测站的部位。凡是上层为冷区,下层为暖区的那个部位,就是相对的不稳定区,如图中偏西的区域。

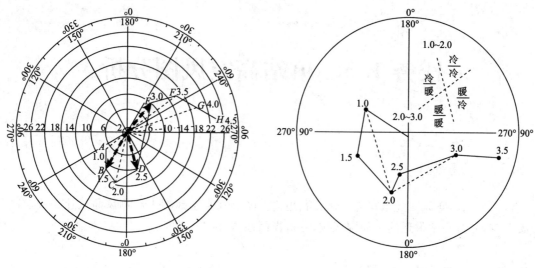

图 1-5-1　单站高空风图　　　　　　图 1-5-2　相对不稳定区的分析

大气稳定度变化的判断:利用单站的高空风图,还可以通过各层的冷暖平流符号以及平流强度的变化来判断大气稳定度的变化。例如,当下层有冷平流,上层有暖平流时,则气温直减率趋于减小,气层稳定度将增大。反之,当下层为暖平流,上层为冷平流时,则气温直减率将趋于增大,气层稳定度将减小(或不稳定度增大)。当然,利用高空风图只能判断稳定度的增大或减小,也就是说,只能表示不稳定度演变的一种趋向,而不应该理解为气层已经处于稳定或不稳定状态,气层的实际稳定状况应同时应用温度—对数压力图等工具进行深入分析。

3. 锋面的分析

利用单站的高空风分析图,还可以判断锋面的性质、锋区所在的位置、锋区的强度、锋面移速、高空锋区走向等。

在锋区内,因温度水平梯度很大,热成风也就很大。同时,当测风气球向上穿过冷锋时,因有较强的冷平流,所以风随高度的升高有明显的逆时针偏转;而当气球向上穿过暖锋时,因有较强的暖平流,所以风随高度的升高有明显的顺时针偏转。根据这些特点,我们就可以根据风随高度发生怎样的偏转来判断有无锋面的存在以及锋面的性质。例如,在图 1-5-1 中,DE 较长,即 2.5～3.0 km 的气层热成风较大,并且风随高度升高而逆时针偏转,因此判断,在 2.5～3.0 km 的气层可能存在冷锋。并且最大热成风线段愈长,则锋区愈强。

4. 任务资料(表 1-5-1)

表 1-5-1　1978 年 6 月 6 日福州测风资料

层次(hPa)	风向(°)	风速(m/s)	高度(m)	风向(°)	风速(m/s)
850	120	10	1000	080	11
700	240	18	2000	210	12
500	275	17	4000	255	20
400	265	15	6000	275	18
300	245	14	8000	260	14
			10000	210	17
			22000	110	19

1.5.3 任务实施步骤

(1)每人发高空风图一张,了解高空风图的结构。

(2)学习知识准备内容;熟练掌握高空风图的绘制方法。

(3)根据所给资料或实况高空风资料在图上绘制风向风速矢线。

(4)根据风矢线分析冷暖平流、测站附近的相对不稳定区和锋区的性质、锋区的强度、锋面移速、高空锋区走向。

(5)完成任务工单中的任务。

任务 1.6 温度—对数压力(T-ln$P$)图分析

1.6.1 任务概述

认识 T-ln$P$ 图的结构,图上的基本线条。学会在 T-ln$P$ 图上绘制温度层结曲线,露点层结曲线和地面的状态曲线。学会绘制压高曲线。用 T-ln$P$ 求算一些常用的湿度参数和特征高度。在 MICAPS 系统中,利用 T-ln$P$ 图定性判断各个测站的层结稳定性。

1.6.2 知识准备

1.6.2.1 温度—对数压力图的构造和点绘

温度—对数压力图的纵坐标为气压的对数 $\ln \dfrac{P_0}{P}$,气压以 hPa 为单位。在图的右部从1050 hPa 起,自下向上递减到 200 hPa,每隔 100 hPa 标上百帕数。在图的左部从 250 hPa 起,自下向上递减到 50 hPa。横坐标为温度(T),温度以摄氏度为单位,每隔 10 摄氏度标出度数。

图上有五种基本线条:①等压线与横坐标平行;②等温线与纵坐标平行;③干绝热线(等位温线),黄色实线,表示未饱和空气在绝热升降运动中状态的变化。每隔 10 摄氏度标出位温数值。当气压低于 200 hPa 时,位温值标注在括号中;④湿绝热线(等假相当位温线),绿色虚线表示饱和空气在绝热升降运动中状态的变化。每隔 10 摄氏度标出假相当位温的数值。⑤等饱和比湿线,绿色实线,是饱和空气比湿的等值线,每条线上标有比湿值。当气压低于200 hPa时,等饱和比湿值标注在括号中。

日常工作中,在温度—对数压力图的纵坐标上常填写位势高度、风向、风速等记录,并绘制以下三种曲线:

①温度—压力曲线(简称温压曲线或层结曲线),表示测站上空温度分布状况。其做法是,将各个高度上的气压、温度数据一一点绘在图上,然后将这些点依次用线段连接起来,即为温压曲线。

②露点—压力曲线(露压曲线),表示测站上空水汽垂直分布状况。其做法是,将各个高度上的气压、露点温度(T_d)数据一一点绘在图上,然后将这些点依次用虚线段连接起来,即为露压曲线。

③状态曲线(过程曲线),表示气块在绝热上升过程中温度随高度而变化的曲线。某高度上气块若先经历了干绝热上升,达到饱和后,再经历湿绝热上升的过程。在温度—对数压力图上,要先通过该气块的温压点,平行于干绝热线画线;同时通过该气块的露点平行于等比湿线画线,两线相交于一点,从交点平行于湿绝热线再画线,即为状态曲线。

1.6.2.2 温度—对数压力图的应用

1. 常用温湿特征量的求法

①比湿(q)：单位质量的湿空气含有的水汽质量。通过温压点的露点的等饱和比湿线，即为比湿。

例如：点($T=25℃$，$P=800\ hPa$，$T_d=18℃$)，如图1-6-1，其温压点为B，露压点为A，则经过露压点A的等饱和比湿线的数值为16，则该点的比湿$q=16\ g/kg$。

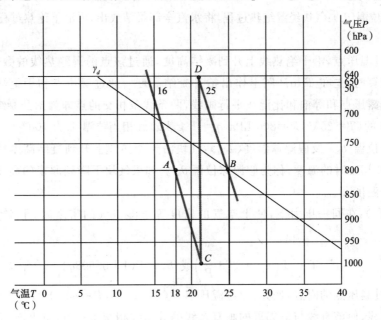

图1-6-1　$T\text{-}\ln P$ 图求比湿、饱和比湿和相对湿度

②饱和比湿(q_s)：在同一温度下空气达到饱和状态时的比湿。通过温压点的等饱和比湿线的数值即为饱和比湿。

例如：点($T=25℃$，$P=800\ hPa$，$T_d=18℃$)，如图1-6-1，通过其温压点为B的等饱和比湿线的数值为25，则该点的饱和比湿$q_s=25\ g/kg$。

③相对湿度(f)：实际空气的湿度与同温度下饱和空气的湿度之比值。常有两种求法

第一种方法：用以下公式计算：

$$f=\frac{e}{E}\times100\%=\frac{q}{q_s}\times100\%$$

式中e指水汽压，E指饱和水汽压。也可用上面求得的q和q_s代入上式直接求得。

例如：上面求得的点($T=25℃$，$P=800\ hPa$，$T_d=18℃$)，比湿$q=16\ g/kg$，饱和比湿$q_s=25\ g/kg$，代入上式，计算得相对湿度为$f=64\%$。

第二种求法：直接从$T\text{-}\ln P$图上求算。从温压点的露点A沿等饱和比湿线下降（或上升）到1000 hPa相交于C点，再从C点沿等温线上升（或下降）到与通过原温压点B的等饱和比湿线相交于D点，则D点的气压读数的十分之一除以百分数就是B点的相对湿度值。仍用点($T=25℃$，$P=800\ hPa$，$T_d=18℃$)。如图1-6-1，求得的相对湿度为

$$f = \frac{640}{10}\% = 64\%$$

④位温(θ)：气块经干绝热过程到达 1000 hPa 时的温度。

$$\theta = T\left(\frac{1000}{P}\right)^{\frac{R_d}{C_{pd}}}$$

式中 R_d 为干空气的比气体常数，C_{pd} 为干空气的比定压热容。

求法：通过温压点的干绝热线的数值就是位温的值。

例如：通过状态($T=25℃$,$P=800$ hPa)的干绝热线的数值是 45℃，即 $\theta=45℃$。

⑤假相当位温(θ_{se})：气块经湿绝热过程，将水汽全部凝结放出，再沿干绝热过程达到 1000 hPa 时的温度。

求法：通过温压点，沿干绝热线上升到凝结高度，通过该点的湿绝热线的数值就是假相当位温的值。求算时，先在 $T\text{-ln}P$ 图上作出抬升凝结高度。通过温压点和干绝热线平行画线，再通过该点的露压点和等饱和比湿线平行画线，两条线条相交的点即为抬升凝结高度。例如：通过温压点 B 的($T=25℃$,$P=800$ hPa,$q=16$ g/kg)假相当位温 θ_{se} 为 100℃。

⑥假湿球位温(θ_{sw})及假湿球温度(T_{sw})：气块沿干绝热线上升到凝结高度后，再沿湿绝热线下降到 1000 hPa 时的温度，称为假湿球位温 θ_{sw}。如果气块下降到原来的高度，这时它的温度称为假湿球温度 T_{sw}。

⑦虚温(T_v)：在同一压力下，使干空气的密度等于湿空气的密度时，干空气所应具有的温度。

$$T_v = T\left(1+0.378\frac{e}{P}\right) \text{ 或 } T_v = T(1+0.608q)$$

求法：通过温压点的露点，例如：通过温压点 $B(T=25℃$,$P=800$ hPa,$T_d=18℃$)作平行于纵坐标的直线，使该直线与最邻近的画有短线的等压线相交于一点，量出该点两旁两短划的距离，用横坐标的度数来表示，精确到小数一位，然后将此数值与温压点的温度相加，便得该点的虚温值。

2. 不稳定能量(E_k)的求法

不稳定大气中可供气块做垂直运动的潜在能量，称为不稳定能量。

$$E_k = -\int_{p_0}^{p} \Delta T \cdot R_d \text{ln}P$$

求法：根据探空报告(气压、温度、露点值)绘出层结曲线和露压曲线，再根据地面观测报告的气压、温度、露点值绘出状态曲线(图 1-6-2)，分析层结曲线和状态曲线之间所包围的面积，便可得到：

①正不稳定能面积：位于状态曲线左方和层结曲线右方之间的面积(单位：cm²，1 cm² = 74.5 J/kg)。

②负不稳定能面积：位于状态曲线右方和层结曲线左方之间的面积。

③求出正、负不稳定能量面积的代数和，就是整个气层的不稳定能量。

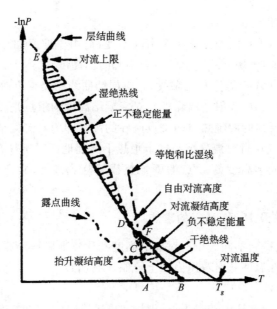

图 1-6-2 温度—对数压力图上各种曲线和特征高度

3. 一些特征高度(图 1-6-1)及对流温度的求法

①抬升凝结高度(LCL):未饱和的湿空气块干绝热上升达到饱和时的高度(单位:m)。

$$LCL = \frac{T - T_d}{\gamma_d - \gamma_s} \approx 124(T - T_d)$$

式中 $T - T_d$ 为起始高度的气块温度与露点温度之差;

γ_d 为干绝热递减率,$\gamma_d = -\dfrac{\mathrm{d}T}{\mathrm{d}Z} \approx 0.977℃/100\,\mathrm{m}$;

γ_s 为露点温度的干绝热递减率,$\gamma_s = -\dfrac{\mathrm{d}T_d}{\mathrm{d}Z} = 0.17℃/100\,\mathrm{m}$。

由于未饱和的湿空气干绝热上升,其温度按干绝热递减率 γ_d 递减,露点温度的递减率按 γ_s 递减,但 $\gamma_d > \gamma_s$,即气块温度降低快于露点温度,起始高度 $T > T_d$,上升到某一高度就会使气温等于露点温度,即:$T = T_d$,未饱和湿空气便变为饱和湿空气。则这一高度称为抬升凝结高度。

求法:通过地面温压点 B 作干绝热线,通过地面露点 A 作等饱和比湿线,两者相交于 C 点,则 C 点所在的高度即为抬升凝结高度。

有时,由于考虑到地面温度的代表性较差,也可用 850 hPa 到地面气层的平均温度及露点温度代表地面温度及露点温度来求。当地面有辐射逆温层时,可用辐射逆温层顶作为起始高度来求。

②自由对流高度(LFC):在条件不稳定气层中,气块受外力作用抬升,由稳定状态转入不稳定状态的高度。

求法:根据地面温、压露点值作状态曲线,它与层结曲线相交于 D,则 D 点所在的高度就是自由对流高度。

③对流上限:对流所能达到的最大高度。

求法:通过自由对流高度的状态曲线继续向上延伸,并再次和层结曲线相交的点(E)所在的高度,就是对流上限,即经验云顶。

④对流凝结高度(CCL):假如保持地面水汽不变,而由于地面加热作用,使层结达到干绝热递减率,在这种情况下,气块干绝热上升达到饱和时的高度。

求法:通过地面露点 A 作等饱和比湿线,它与层结曲线的交点 F 所在的高度,就是对流凝结高度。当有逆温层存在时(辐射逆温除外),对流凝结高度的求法是:通过地面的露点作等饱和比湿线,与通过逆温层顶的湿绝热线的交点所在的高度即为对流凝结高度。

⑤对流温度(T_g):气块自对流凝结高度干绝热下降到地面时所具有的温度。

求法:沿经过对流凝结高度的 F 点的干绝热线下降到地面,它所对应的温度,就是对流温度。

4. 压高曲线的制法及 H_0 和 H_{-20} 的求法

为了在垂直方向上得到不同气压所对应的高度和比较准确地计算云高、云厚、零度层高度以及 -20℃层高度,可在温度—对数压力图上绘制压高曲线。

绘制压高曲线的方法:

①横坐标改为从右向左增大的高度值,温度 10℃间隔改为高度 1000 m,纵坐标不变。

②将探空报告中的气压值和高度值依次点在图上,然后连接各点,即得压高曲线。如图 1-6-3 所示。

③欲知某点 A 的高度,只要过 A 点作横轴的平行线,与压高曲线交于一点 A',过 A' 作纵轴的平行线交于横轴上一点 H,H 点所对应的高度值即为 A 点的高度。

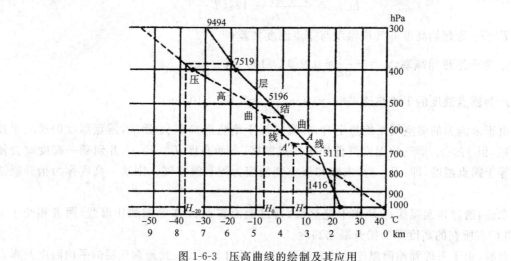

图 1-6-3 压高曲线的绘制及其应用

1.6.3 任务实施步骤

(1)每人发 $T\text{-}\ln P$ 图一张,了解 $T\text{-}\ln P$ 图的结构和几种基本线条。

(2)学习知识准备内容;熟练掌握 $T\text{-}\ln P$ 图的填写和分析方法。

(3)根据探空资料(参考表 1-6-1)分析温度层结曲线、露点层结曲线、状态曲线。

(4)分析不稳定能量,判断不稳定的类型。

（5）了解压高曲线的绘制方法，绘制压高曲线。

（6）用分析的线条来求算地面和 700 hPa 的比湿、饱和比湿、相对湿度、位温、假相当位温、假湿球位温，地面的虚温。

（7）查算以下各个特征高度和对流温度。

①抬升凝结高度

②自由对流高度

③对流上限

④对流凝结高度

⑤0℃层高度 H_0、−20℃层高度 H_{-20}。

（8）在 MICAPS 系统中，利用 $T\text{-}\ln P$ 图定性判断各个测站的层结稳定性。

（9）完成任务工单中的任务。

表 1-6-1　某站 08 时探空记录

P(hPa)	1000	930	850	740	700	570	500	420	400	300	200
T(℃)	30	27	22	14	12	6	0	−11	−12	−25	−38
T_d(℃)	27	23	18	9	8	−2	−9	−21	−26		

学习情境2

天气系统综合分析

任务 2.1　锋面分析

2.1.1　任务概述

锋面附近气象要素会发生明显的变化,本任务主要是根据锋面附近地面气象要素(包括温度场、气压场、变压场、风场、湿度场、云和降水特征)的分布特征,来确定锋面的位置及锋的性质。同时了解锋的空间结构,学会结合 850 hPa 图上的锋区位置,应用高空图、卫星云图、剖面图、单站高空风图等资料,进行上下层配合定锋面。熟练地面图上等压线和等三小时变压线的分析方法;进一步熟悉地面图上气压中心和变压中心的标注方法;掌握天气区和锋面的画法;在高空图上判断锋区的强弱、冷暖平流、锋的移动方向和移动速度;在分析锋面时初步学会判断各种要素的代表性及错误信息。

2.1.2　知识准备

2.1.2.1　锋的基本概念

天气图上温度水平梯度大而窄的区域,如果它又随高度向冷区倾斜,这样的等温线密集带通常称为锋区。所谓锋区,就是密度不同的两个气团之间的过渡区。因为密度不能直接测量出来,气压水平差异又比较小,所以密度的不同主要表现为温度的不同。

锋区的水平宽度约为几十千米到几百千米,一般是上宽下窄。在天气图上由于比例尺小,锋区的宽度表示不出来,可以把它看作一个面,称为锋面。锋面与地面的交线称为锋线。当观测记录增多,锋面完全可以在高空图、空间剖面图,甚至在测站稠密的地面图上显示出来。一般在地面图上只分析锋线的位置。

2.1.2.2　锋面附近气象要素场的分布特征

锋是两个性质不同的气团之间的过渡带,在此过渡带内,气象要素与天气将发生急剧的变化。下面我们将对锋附近的温度、气压、变压、风场以及锋面天气等分布分别进行讨论。

1. 锋面附近温度场特征

(1)水平方向上温度特征

锋区内温度水平梯度远比其两侧气团中的大,在等压面图上等温线相对密集,锋区走向则与地面锋线基本平行。所以等压面上等温线的分布可以很明显地指示锋区的特点。等温线越密集,则水平温度梯度越大,锋区越强。由于锋面在空间是向冷空气一侧倾斜,所以高空图上的锋区在地面锋线的冷空气一侧(图 2-1-1)。等压面高度越高,向冷空气一侧偏移越多。对比同一时刻各等压面上锋区的位置,大致可以决定锋面的坡度。各等压面上的锋区位置相对越近,锋面坡度越大。

根据等压面图上高空冷暖平流的性质可以确定锋面的类型。若在等压面图上,锋区内有冷平流,则地面所对应的是冷锋;若有暖平流则地面对应的是暖锋;如果无平流或仅有弱的冷、暖平流,而地面锋区在 24 小时内又移动很少,则可定为静止锋。锢囚锋附近的温度分布比较复杂,共同特点是原在低空的暖空气完全为冷空气所代替,暖空气则被抬举到高空,在等压面图上反映有暖舌。在暖舌两侧等温线比较密集。不同类型的锢囚锋暖舌在各高度上的位置也不同(图 2-1-2)。如果暖舌位于地面锢囚锋的前方,则为暖式锢囚锋;如果暖舌位于地面锢囚锋的后方,则为冷式锢囚锋;当暖舌在各高度上的位置基本不变,只是其宽度随高度有所增大,则为中性锢囚锋。但实际工作中由于测站密度不够,等温线分析又不十分准确等原因,锢囚锋的类型很难确定。

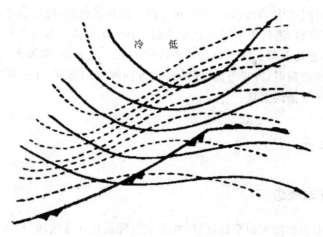

图 2-1-1 地面锋线与高空锋区的相对位置

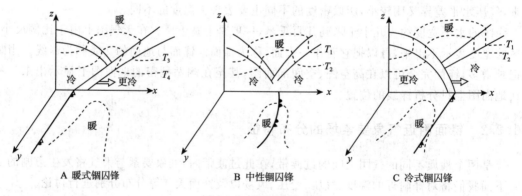

A 暖式锢囚锋   B 中性锢囚锋   C 冷式锢囚锋

图 2-1-2 锢囚锋示意图

(2)垂直方向上锋区内温度分布特征

锋区内温度的垂直梯度特别小。对某个测站而言如果它上空有锋面,则因锋的下面是冷气团,上面是暖气团,因此当探空气球通过锋面时,可以观测到温度随高度增高而升高(即锋面逆温)或温度直减率很小的现象。如图 2-1-3 所示。因为在冷、暖气团内部,温度随高度递减,温度的水平分布比较均匀,所以等温线在气团内部呈准水平。当等温线由冷气团穿越锋区时出现曲折。冷、暖气团间温差愈大,锋面逆温愈强或过渡区愈窄,通过锋区时等温线弯曲得愈多。

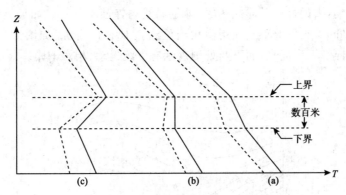

图 2-1-3 锋面逆温的形式

(a)锋区降温(直减率很小);(b)锋区等温;(c)锋区逆温

(3)锋区内位温的分布特征

位温的水平梯度、垂直梯度与温度的水平梯度和垂直梯度有如下关系。

水平方向:$\nabla_h \theta = \dfrac{\theta}{T} \nabla_h T - \dfrac{R_d}{c_{pd}} \dfrac{\theta}{p} \nabla_h p$

垂直方向:$\dfrac{\partial \theta}{\partial z} = \dfrac{\theta}{T} \left(\dfrac{\partial T}{\partial z} + \dfrac{g}{c_{pd}} \right) = \dfrac{\theta}{T} (\gamma_d - \gamma)$

式中 θ 为位温, T 为温度, P 为气压, $\gamma_d = \dfrac{g}{C_{pd}}$ 指干绝热递减率, $\gamma = -\dfrac{\partial T}{\partial Z}$ 指气层的温度递减率, R_d 为干空气的气体常数, $R_d = 287$ m^2/(s^2·K)。

在等压面上水平位温梯度的方向与温度梯度的方向完全一致,仅有数值上的差异。

对流层中,一般情况下,当大气层结稳定时,气团内温度随高度递减,即 $\gamma > 0$,且 $\gamma_d > \gamma$ 故 $\dfrac{\partial \theta}{\partial z} > 0$,即位温随高度增大,在锋区内,通常 $\gamma \leq 0$,即为逆温或等温,因此在锋区内 $(\gamma_d - \gamma)$ 值比气团内大得多,即 $\dfrac{\partial \theta}{\partial z}$ 值在锋区内也比气团内部大得多。所以在剖面图(图 2-1-4)上,锋区内等位温线特别密集,等位温线越密集表示锋区越强。

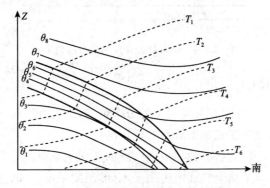

图 2-1-4 锋区内位温分布特征图

综上所述：锋区内位温三维梯度比气团内大得多,其方向由水平与垂直位温梯度合成。等位温面随高度向冷区倾斜与锋面倾斜方向一致,在绝热条件下与锋面平行,在近地面层因辐射、湍流等因素影响,大的过程是非绝热的,等位温线与锋面不平行。如果大气中有蒸发凝结现象,位温就不保守,这种情况下宜使用假相当位温 θ_{se} 代替位温 θ。如图 2-1-5 所示。锋区上凸的舌表明有上升运动,湿度大,而下凸处则表示有下沉运动,相对干燥。

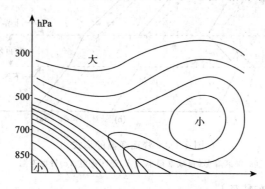

图 2-1-5　锋区内假相当位温分布特征

2. 锋面附近气压场特征

如图 2-1-6 所示:在锋面形成前,单一的暖气团占据,在垂直于锋线方向(AA')上暖气团内部空气密度比较均匀,沿 AA' 线逐点的气压并没有变化;当冷锋锋面来临时,由于冷空气密度较大,冷空气从下方逐渐代替原来暖空气,由于冷空气柱逐渐增长,则逐点的气压必然会升高,从而使得等压线在冷空气一侧发生曲折,变成虚线所示。锋线就处在低压槽中,等压线通过锋面时有气旋性弯曲。

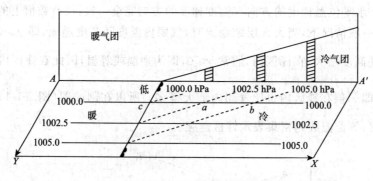

图 2-1-6　锋面附近气压场的分布特征

3. 锋面附近变压场特征

空间各点气压随时间的变化在某位面上的分布情况,称为变压场。在日常工作中,所用的是 3 小时变压与 24 小时变压在地面上分布的变压场。

以密度的零级不连续来模拟锋面时,地面气压的变化主要由两个因素影响:

①热力因子:即地面以上整个气柱中密度平流(即温度平流)。因为在相同的条件下,冷空气密度比暖空气大,整个气柱中以冷平流为主时,地面气压将上升;以暖平流为主时,地面气压将下降。暖锋前有暖平流故地面降压,暖平流愈强,地面降压愈多;冷锋后有冷平流故地面加

压,冷平流愈强,地面加压愈大;冷锋前和暖锋后或静止锋附近温度平流很弱,故由密度平流所引起的变压不明显。

②动力因子:即地面以上整个气柱内速度水平散度的总和。若整个气柱散度总和净值为辐散,气柱质量减少,地面气压下降;若整个气柱散度总和净值为辐合,地面气压上升。但通常情况下,锋面前后的气团中各地的动力因子都差不多,所以,锋面附近的气压变化主要是由密度平流所引起的。

所以锋面两侧的地面变压特征为:在暖锋前有暖平流,故有负变压,在暖锋后的暖区中,平流很弱,故变压很小;同理,冷锋后有冷平流,有正变压,而锋前平流很弱,变压很小;静止锋附近温度平流很弱,故变压不明显。锢囚锋附近的变压场是由冷、暖锋二者的变压场共同造成的,其分布就更复杂一些,通常在锢囚锋两侧对称地分布着一个正变压和一个负变压中心(图 2-1-7)。

在密度的一级不连续面中,锋区内变压梯度比锋区外大。这就是说,在地面锋区中,等变压线密集,在锋区外,等变压线稀疏,变压值也较小。

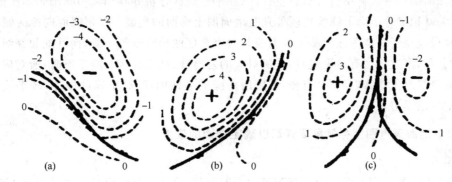

图 2-1-7　锋面附近变压场的分布特征
(a)暖锋;(b)冷锋;(c)锢囚锋

4. 锋面附近风场特征

锋区内风的水平变化:锋面附近的风场具有气旋性切变。由于地面摩擦作用,风向偏离等压线向低值区吹。一般情况下,锋面附近气流是辐合的,地面锋线也是气流的辐合线。

因锋区两侧气压梯度是连续的,按地转风原理,锋区两侧地转风也是连续的,因锋区两侧等压线的气旋式曲率比锋区外大得多,所以锋区内风场的气旋式切变比锋区外大得多,锋处在低压槽中。锋区内风的反气旋式切变比锋区外小得多。

锋区内风的垂直变化:因锋区中的温度水平梯度比锋区两侧气团中大得多,故锋区中的热成风比锋区外大得多。锋区又是倾斜过渡区,故锋区上下,风的垂直切变很大。在地面暖锋前面的测站,因为高空暖锋锋区内及附近有暖平流,故风随高度顺时针改变。暖平流最强且热成风最大的高度,就是高空暖锋锋区所在处。在地面冷锋后面的测站,因为高空冷锋锋区内及附近有冷平流,故风随高度逆时针改变。冷平流最强且热成风最大的高度,就是高空冷锋锋区所在处。如果只有热成风很大,而没有明显的平流时,可能是静止锋。

5. 锋面附近的湿度场特征

一般来说,暖空气来自南方比较潮湿的地区或洋面,气温高、饱和水汽压大、露点温度高;

冷空气来自北方内陆,气温低、水汽含量小,露点温度也低,所以锋面附近露点温度差异比温度差异显著。

2.1.2.3 锋面分析方法

锋面附近常常有比较剧烈的天气变化和气压系统的发生发展。因此锋区和锋线的分析在天气分析与天气预报中占有非常重要的地位。锋面分析,就是综合应用锋面附近的各种气象要素变化特征及云和降水特征。在高空等压面图上,只要正确掌握温度记录的分析与判断,分析高空锋区存在与否并不困难。然而,由于地面气象要素受下垫面局地影响,使得锋附近要素场特征并不像理论上说的那样明显,有时难以辨别锋面存在,具体位置确定就更困难。

下面简单介绍如何确定锋面的位置与性质的基本思路。

首先可以按照锋面的强度与移动速度有一定的连贯性的原则,将前6小时或12小时锋面的位置描在待分析的天气图上,根据过去几张图的连续演变,结合地形条件,就可以大致确定本张图上锋面的位置。再结合分析高空锋区(在平原地区分析850 hPa、700 hPa等压面,高原地区分析500 hPa等压面上锋区),就可判断地面图上锋面的类型。根据锋面向冷区倾斜的原理,地面锋线应位于高空等压面图上等温线相对密集区的偏暖空气一侧,而且地面锋线要与等温线大致平行,高空锋区有冷平流时,它所对应的是冷锋;高空锋区有暖平流时,所对应的是暖锋,如果有冷锋赶上暖锋,高空又有暖舌,则所对应的是锢囚锋,高空锋区中冷、暖平流均不明显时,所对应的是静止锋。

1. 分析地面天气图上各气象要素场以确定锋面的位置

(1)温度

锋面的主要特征应是锋面两侧有明显的温度差异,冷锋后有负变温而暖锋前有正变温,但在大气底部气团的温度因受许多因素的影响,使其某地的气温不能正确代表气团的属性,因而使锋面两侧温差并不明显,甚至冷锋过后还可能升温;而在另一些没有锋面存在的区域温差却较明显,因此,要结合具体情况仔细分析。造成锋面两侧温差不明显有以下几种情况。

①锋面两侧辐射条件不同:冬半年早上或后半夜,大陆上冷锋前暖空气一侧云少风小,形成强的辐射逆温,地面温度极低(在冰雪覆盖的下垫面和干燥的北风地区这种现象尤为显著),而在冷锋后部冷气团内因为有云覆盖,阻止长波辐射,没有辐射逆温,甚至将辐射逆温破坏,这时冷锋后冷空气中低层气温可能要比暖空气中的还要高些,冷锋过后气温上升可达5℃~6℃,24小时变温 ΔT_{24} 也为正值。这种情况利用温度的上升曲线就容易识别出来。

夏半年白天,如果冷锋前暖空气一侧有云遮蔽,温度日变化的升值小,而冷锋后晴空,温度日变化的升值大,此时冷锋两侧温差不明显,ΔT_{24} 代表性也不好。

②锋面两侧蒸发凝结条件不同:夏季白天若冷锋前有降水,因雨滴蒸发吸收了暖空气中相当多的热量,温度日变化的升温值就小,而冷空气中没有降水,日变化的升温不变,使锋面两侧温差减小。

③锋面两侧垂直运动不同:当冷锋从高原下到平原,冷锋后的冷空气下沉运动较锋前暖空气强烈得多,增暖也较暖空气中为多,使冷暖空气间温差减小。

④冬季近地面层的冷空气膜:在我国北方或盆地里,锋前晴而风小,近地面层辐射强烈冷却,有一层气温很低,密度较大的冷空气膜形成;在四周均为高山的盆地里,这种冷膜更容易形

成。当锋面后的冷空气密度不如冷空气膜中的冷空气密度大时,则锋面在冷膜上滑行,近地面的气温不受锋面的影响,地面锋线两侧没有明显的温差。

⑤夏季海陆差异:夏季冷锋自大陆移到海面上,由于海面温度比较低,有时会使冷锋后的气温反而比锋前高。

以下几种情况常出现较大的温差,但实际上并不存在锋面,即所谓的虚锋现象。

①冬季的海陆温差:在海岸线附近,因为下垫面性质不同容易造成温差。

②高原与平原温差:在高原与平原的接壤处,因为测站海拔高度不同也容易造成温差。

③风的差异:冷气团边缘的大风造成的升温和冷气团中心的低温之间的温差。

(2)露点

一般来说,暖空气来自南方比较潮湿的地区或洋面,气温高、饱和水汽压大、露点高;冷空气来自北方内陆,气温低、水汽含量小,露点温度也低,所以锋面附近露点温度差异比温度差异显著。在没有降水发生的条件下,露点温度比温度更为保守,能更好地表达气团的属性,对确定锋的位置很有用,但是如果锋面附近一侧有降水发生,那么锋面附近的露点差异就不能很好地反映气团属性的差异了。

(3)气压与风

若锋面是密度的零级不连续面,则紧靠锋面两侧的气压是连续的,但气压梯度不连续。锋线处在低压槽中,等压线通过锋面时有气旋性弯曲。等压线通过锋面时会有折角,而且折角指向高压,锋面两侧的风有气旋式切变。如果等压线与锋线平行,则锋面两侧等压线密集程度一定不同。而两侧的风向虽没有差异,但风速仍有气旋式切变,这种等压线互相平行,仅是梯度不同,而风场具有气旋式切变的气压场形式称为隐槽。

如果以密度的一级不连续面模拟锋面,则锋面两侧的气压和气压梯度都是连续的,只是变压梯度不连续。天气图上等压线经过锋线时,不一定要画折角,一般只要有明显的气旋性弯曲就可以了。只是在锋区很狭窄而锋有很明显时,亦可画折角。

锋面位于气旋性曲率最大的地方,但是有气旋性切变处不一定有锋。另外,锋也受地形影响,夏季沿海还受海陆风的影响,日变化也较明显。因此,在利用风场来确定锋面位置时,一定要注意风的代表性及特殊地方锋面过境时风的演变特点。例如:位于秦岭北侧渭水河畔的西安市,冷锋从河套西侧南下而过该站时,风向就转为西南,冷锋愈强,西南风愈大。又如冷空气从天山和阿尔金山之间进入南疆盆地时,锋后均吹偏东风,一般地说,风速较大时其风向、风速能反映大范围空气运动的情况,可以作为定锋的依据。

(4)变压

①三小时变压 ΔP_3:冷锋后常为较强的 $+\Delta P_3$,冷锋前常为较弱的 $+\Delta P_3$ 或 $-\Delta P_3$;暖锋前常为较强的 $-\Delta P_3$,暖锋后常为较弱的 $-\Delta P_3$ 或 $+\Delta P_3$;锢囚锋后往往是 $+\Delta P_3$,锋前为 $-\Delta P_3$。但当两条冷锋相向而行形成锢囚锋后,则其两侧都会出现 $+\Delta P_3$。例如我国华北锢囚锋就是这样。但是要注意气压的日变化和气压系统本身的加强或减弱的影响。例如08时地面图上,以 $+\Delta P_3$ 居多,因而冷锋两侧都为 $+\Delta P_3$;到了14时地面图上,以 $-\Delta P_3$ 居多,因而弱冷锋两侧可能都为负值,只是冷锋后负值比冷锋前要小。

②24小时变压或变温(ΔP_{24},ΔT_{24}):因为 ΔP_{24} 和 ΔT_{24} 可以消除日变化的影响,在地形较复杂的地区能较好地反映出冷、暖空气的活动情况。冷锋后一般有大的正24小时变压和负24小时变温,冷锋前可有小的24小时负变压和正24小时变温。值得注意的是气温受天空状

况的影响较大,有时会失去代表性,但 24 小时变压的代表性却比较好。

2. 应用卫星云图照片分析锋面

(1)锋面云系

在卫星云图照片上,锋面往往表现为带状云系,称之为锋面云带。这种云带一般长达数千千米;宽度则各处差异很大,窄的只有 2～3 个纬距,宽的达 8 个纬距左右,平均 4～5 个纬距。锋面云带常常是多层云系,最上面是卷状云,下面是中云或低云。锋可以分为两类:一类是暖空气主动地沿锋面上升,此类锋的云带较宽,我们把具有完整云带的锋称为"活跃的锋",它一般都出现在强斜压性区域。另一类是冷空气主动下沉,迫使其前面的暖空气抬升,云图上表现为带窄,甚至断裂,也可能没有云带,我们把云带不明显的锋称为"不活跃的锋"。

图 2-1-8 是洋面上锋面云带模型,它反映的锋面云系有以下一些特征:

图 2-1-8　洋面上的锋面气旋云带模型

①冷锋、静止锋云系

在云图上,冷锋分为活跃冷锋和不活跃冷锋两种。图 2-1-8 中,在 500 hPa 槽线(细虚线)以东的冷锋是活跃冷锋,它有一条宽、亮而又连续完整的云带。其平均宽度在 3 个纬距以上,云带边界很清楚,尤其是靠近冷空气一侧边界最为显著。云带为多层云系,由稳定性云和不稳定性云组成。活跃冷锋与强的斜压区相联系。在强的斜压区内一般有明显的温度平流(冷平流)和强的风速垂直切变。高空风大体上与活跃冷锋相平行,这同强的斜压性条件配合起来,就造成了一条完整的云带。

在 500 hPa 槽线后面的冷锋段为不活跃冷锋,锋面云带与活跃冷锋有明显的不同,常出现狭窄、断裂而不完整的云带。不活跃冷锋斜压性比较弱,因而冷平流和风的垂直切变甚少,高空风大体上与锋垂直,所以云带断裂,这种云带主要由底层的积状云和层状云组成,而中、高云很少。有时也可出现一些卷云。在陆地上,不活跃冷锋上可以无云或云量很少。

当活跃冷锋移动甚缓或变成准静止锋时,从锋面云带南部边界伸出一条条积云线(e),这些枝状云系可用来定锋面南边副高脊线(f)位置。在活跃的静止锋中,高空风大体上平行于锋,云图上表现为一条宽的云带。在这类准静止锋面云带上(一定条件下)可以发展出气旋波。

不活跃的准静止锋,一般出现在较低纬度,云带走向大体上是东西向的,锋区中云带断裂,趋于消失,云带中只有高云,没有中、低云。

②暖锋云系

活跃的暖锋云带最宽,在云图照片上常呈现一大片高空卷云覆盖区,活跃的暖锋具有强的斜压性,由于暖锋云带和暖区云系相连接,因而就不易确定地面暖锋(d)的位置。活跃暖锋云系由层状云和积状云组成,上面还有一层卷层云。

关于不活跃暖锋(地面天气图上分析出来的)在很多卫星云图上没有云带,有以下几种可能:或者由于没有什么热成风涡度平流,或者由于水汽供应不足,或者由于斜压性太弱所造成。

③锢囚锋云系

锢囚锋云带是指一条从暖区顶端出发按螺旋形状旋向气旋中心的云带。暖区顶端的位置定在锋面云带凸起部分,即卷云的下面。目前气象员分析锢囚锋时,只把锢囚锋画到气旋北部或西北部,并不把锢囚锋绕到气旋中心。

在图2-1-8中,a点为锋面云带与急流轴(粗箭头)相交的地方,在急流轴前面,锋面云带凸起部分是一片纹理光滑的云区,而在急流轴北边的云区中,却出现多起伏的积状云,这种差异可用来确定锢囚点和暖区顶端的位置。在ac段,锋面云带与急流云系相重合。

锋面位置:在卫星云图上活跃的冷锋位置若系第一型冷锋(向后上滑)要定在云带的前边界上,若系第二类冷锋(向前上滑),要定在后边界。不活跃的冷锋,如果云带后部边界很清楚,则定在后边界上。此外,如果活跃的锋面云带后部边界不清楚,云带会很宽,可以从锋的两侧云系结构的差异来确定锋的位置,锋定在云由稠密变到稀疏的分界地区。在分析云图时,有时锋面云带很不明显,而且也不容易定出其走向,这时要判断锋的存在或确定其位置,可以分析锋后冷气团内的云和锋前暖气团中云的差异。在冷气团中,尤其是洋面上,会出现积状云,而且往往是闭合的或未闭合的细胞状云系;在暖气团中,则有积状云和层状云同时出现。

在卫星云图上确定暖锋的位置较困难。有冷暖锋存在的气旋,云区在暖区顶端向冷区一侧凸起,暖区顶端就定在凸起部分,暖锋可定在云区凸起部分的某个地区。

在高纬度地区还可以利用云区中的纹理来确定锋,锋与纹线互相平行。对一个成熟的锢囚锋来说,锢囚锋要定在云带后边界附近,静止锋定在云带的前边界附近。冷锋定在云带的中间部分。

锢囚锋生:在卫星云图上可以看到一种在一般理论中没有提到过的现象,即有时候会发现类似于锢囚锋的锋面云带。这种云带是锋生作用,而不是由锢囚锋过程所造成的。人们把这种现象称作"锢囚锋生"或"瞬时锋生"(图2-1-9)。

在前面讲过,逗点云系出现在对流层中上部最大正涡度平流区域,当逗点云系逼近一条锋面云带时,在锋上

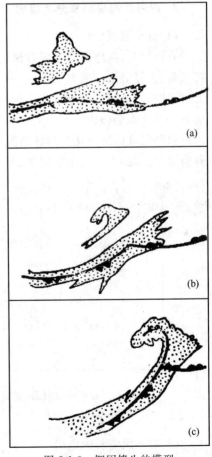

(a)

(b)

(c)

图 2-1-9　锢囚锋生的模型

会产生波动。如果这时逗点云系继续加强,与逗点云系相连的气旋性环流也会增强。这就使得正涡度中心后面的冷气团中气流更加变成偏北风,而在正涡度中心前面的暖气团中气流更偏南风。当逗点云系与锋面气旋波相合并时,在云图上就会看到冷气团和暖气团完全被隔开,即出现了"锢囚锋云系"结构(图2-1-9),这时就会得到一个错误的印象:即气旋波没有经过发展而后达到锢囚阶段的过程,一下子就跳到成熟阶段。实际上这是由于逗点云系和锋面气旋波的合并,而使云带出现"锢囚锋云系"外貌。但从云图的前后连贯性来看,这种"锢囚锋云系"实际上是锋生的结果。这种情况一般出现在下述天气形势下,即有一高空槽与一东西向的锋面气旋波相合并,这种锋在日本附近常常可以分析出来。

(2)非锋面的云带

在卫星云图上有一些长的云带,它们并不是锋面云带,但其外貌和锋面云带一样。在这些非锋面云带中,有许多是与地面气流的汇合相联系的,并不存在密度的不连续。还有一些是由于潮湿空气向北平流所造成的。当一个低压向东面的副热带高压逼近时,在高压后部,偏东气流和偏西气流相汇合,会出现一条南北向云带。

此外,卫星云图上,锋面云带常与急流云带,特别是副热带急流云带相混淆。在一般情况下,锋面云带呈气旋性弯曲,而急流云带则多呈反气旋性弯曲,有时呈直线,可根据这点来区别他们。

3. 应用其他资料来分析锋面

(1)探空资料的应用

有锋面时,探空曲线上应有锋面逆温(或者是等温,或者是直减率很小)存在。锋面逆温的特点是,上界湿度一般大于下界(图2-1-10),因为一般来讲,暖气团比冷气团潮湿,特别是当锋上有云时,逆温层上的相对湿度接近100%。如果锋的上下都有云,同时还有降水,这时逆温层下的湿度也会很大。而当暖空气很干燥,锋上无云时,逆温层上的湿度很小,锋面逆温与下沉逆温就很难区别。在这两种情况下应把前后两次探空曲线描在同一张图上,如果逆温层下有明显的降温,而在其上是增温、等温或降温不大(图2-1-11),初步可判断为锋面逆温。

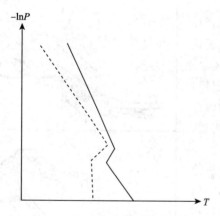

图2-1-10 锋面逆温时温(实线)
湿(虚线)上升曲线

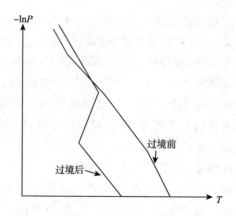

图2-1-11 冷锋过境前后温度上升曲线的变化

(2)高空风资料的应用

锋附近风随高度的变化有明显的特征,锋区内热成风很大。有冷锋时风向随高度逆转;有暖锋时,风向随高度顺转。我们可以运用这一特点分析测风记录,判断有无锋存在及锋的类型。

图 2-1-12 是一个测站上空有冷锋的测风记录例子。冷锋位于高度为 2.0～2.5 km 气层内,因为这一层内热成风很大,并且在 2 km 以下是偏北风,2.5 km 以上是偏西南风,风向随高度逆时针转变。

图 2-1-13 是一个测站上空有暖锋的测风记录例子。暖锋位于高度为 1.5～2.0 km 气层内,这一层内热成风很大,在 1.5 km 下是东南风,2 km 以上是西南风,风向随高度顺时针转变。

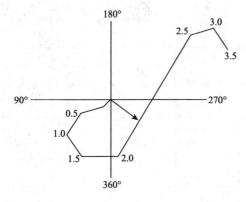

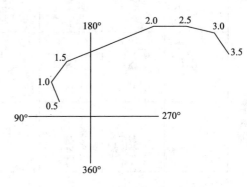

图 2-1-12 测站上空有冷锋时的单站高空风图　　图 2-1-13 测站上空有暖锋时的单站高空风图

图 2-1-14 是一个测站上空有准静止锋的测风记录例子。锋区位于高度为 1.5～2.0 km,因为这一层内热成风很大,在 1.5 km 以下吹东北风,2 km 以上吹西南风,风向转变 180°锋区,高度上垂直于最大热成风的分量却很小。

因为热成风和平均等温线平行,所以热成风方向能大致代表锋线的走向,如图 2-1-12—2-1-14所示,冷锋走向为东北—西南向;暖锋近于东西向;静止锋则为东北—西南向。

还可以用单站测风时间剖面图来分析锋面,如图 2-1-15 所示,锋前底层是西南风,冷锋过后转成西北风,锋区位于西北风和西南风的层次内,随时间向上抬升。

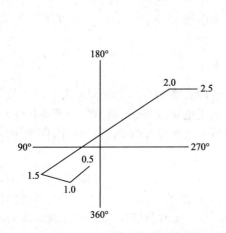

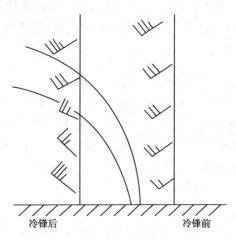

图 2-1-14 测站上空有准静止锋时的单站高空风图　　图 2-1-15 冷锋过境前后的单站
测风时间剖面图

(3)天气实况的应用

我们还可以用天气实况来分析锋面。先将天气实况填出来(测站的排列顺序是位于北方的测站排在上,南方的排在下,或者西方的在上,东方的在下),运用与分析地面图同样的方法进行分析,就可看出各站有无锋面过境及过境时间(图 2-1-16)。

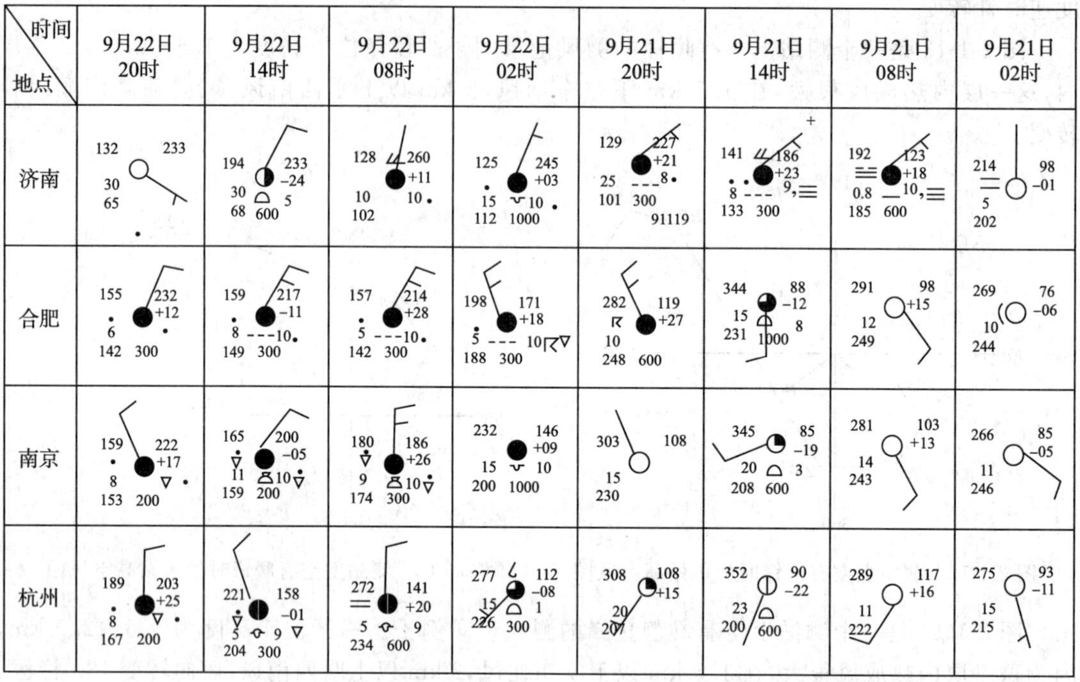

图 2-1-16　2010 年 9 月 21—22 日锋面过境天气实况演变图

2.1.2.4　我国各地区锋面分析特点

前面重点介绍了有关锋面分析的一般方法,这对于分析每一个具体的锋面是有指导意义的。但我国地区广大,地形复杂,因此,我国境内各个地区的锋面活动都有其特点,如果不了解这些特点,要正确的分析锋面就有一定的困难。下面就我国各个地区锋面分析的主要特点做一介绍。

1. 西北地区

活动于西北地区的锋面主要是冷锋,其次是准静止锋和地形锢囚锋。由于西北地处内陆,地势高低悬殊,气象要素受地形影响较大,因此,利用地面气压、气温、露点、云层和降水等要素来分析锋面有一定局限性。根据当地的经验,变压和某些单站气象要素随时间变化的特点,对定锋是有一定帮助的。

(1)冷锋

①冷锋后一般是 $+\Delta P_{24}$ 和 $-\Delta T_{24}$ 区,而在锋前一般是 $-\Delta P_{24}$ 和 $+\Delta T_{24}$ 区,但地面锋线并不刚好与 ΔP_{24} 零线相重合,而是位于 ΔP_{24} 零线前面不远的负变压区域中。锋面移动越快,锋与 ΔP_{24} 零线相距越远。副冷锋一般是位于相对较弱的 $+\Delta P_{24}$ 区中。

ΔT_{24} 受天空状况的影响较大,故不如 ΔP_{24} 好用,特别是在冬季的夜间,近地面有强的辐射逆温层,冷锋过后大风引起的湍流反而使气温升高,因此,锋后有 $+\Delta T_{24}$ 的现象,在使用 $+\Delta T_{24}$ 时必须注意。

②ΔP_3 反映了气压的短时变化,一般锋前是 $-\Delta P_3$,锋后是 $+\Delta P_3$。用 ΔP_3 分析副冷锋比用 ΔP_{24} 更好些,但高海拔地区应首先考虑 ΔP_{24}。

③露点温度。一般暖气团的湿度大于冷气团,但应注意冬半年从苏联欧洲南部过来的冷气团,有时比暖气团湿度大,冷锋过后露点上升,这种情况在北疆和河西走廊都可见到。

④风向风速。一般锋前是弱的东南风,锋后是强的西北风。但也有例外,如冷空气从北边下来,哈密至玉门一带锋后是东北风,塔里木盆地一般锋前为偏西风,锋后都是偏东北风,如果冷空气是从塔里木盆地西部入侵,锋后可能是西南风。这与塔里木盆地是三面环山、东部开口的马蹄形地形有关。兰州锋后多东北风,西宁锋后多东风,如冷空气主力来自青海西部,则锋后兰州是西北风,西宁是西风。

利用风来分析锋时,要根据冷空气主力来向,结合其地形情况。西北地区地形复杂,风的地方性日变化明显,使用时要注意。

⑤云和降水。一般锋前为卷层云,逐渐加厚,锋面过境时变成复高积云或层积云,最后变成雨层云,并有降水。锋过后逐渐抬高变为高积云,最后变成卷云和晴天。降水多在锋线附近,有时根本无降水,而只有一些卷云。

降水情况各地区不同,如天山北部锋后一般都有降水,甘肃东南部、陕西的中部和南部绝大多数锋面附近都有降水,这主要是由于冷锋爬山,上升气流加强而产生的。其他地区则因空气比较干燥,锋后不一定有降水。冷锋的降水夏季比冬季多,云和降水不强的快速冷锋及强冷锋后常有大风和风沙。

⑥地面气压形势。地面冷锋多位于低压槽里,但在河西走廊的西部也有不少冷锋位于地面热低压(槽)后部、高压脊之前,以后随着锋的东移而加入低压(槽)中,这种情况多出现在热低压(槽)强烈发展的初期。西北的副冷锋多位于高压脊前的隐槽或很弱的浅槽中,它往往不发展,并很快东移与主冷锋合并。

⑦气温。依据气温定锋有一定的局限性,但在地势比较平坦,地表性质也差不多的河西地区还是可以用的。在西北地区(除青海外),850 hPa 等压面很接近地面,因此,850 hPa 温度场是分析地面锋的很好的参考资料。但在冬季地面有强的逆温层时就不太好用。从帕米尔高原东移的冷锋过南疆时有明显的增温,强的冷锋越过天山南下进入南疆时,也由于下沉增温的影响,锋后降温比北疆少得多。

(2)准静止锋

西北地区的准静止锋多由冷锋受山脉阻挡而形成,在天山北缘最多,在昆仑山、阿尔金山北麓的塔里木盆地南缘,有时也有准静止锋。在昆仑山山脉东段北缘,柴达木盆地南部很少有准静止锋,这是因为那里地形的坡度较平缓的缘故。

进入河西走廊的东西向冷锋,若冷空气厚度不大,便受祁连山的阻挡而静止不能南下进入柴达木盆地。冷锋到达陇东及关中平原后,往往被秦岭阻挡静止一时期,等冷空气加厚到一定程度再越过秦岭进入四川盆地。

(3)锢囚锋

西北地区锢囚锋多属地形锢囚锋。当塔里木盆地从东部开口处有向西移动的冷锋,同时在帕米尔高原又有东移进入塔里木盆地向东移动的冷锋时,两条冷锋在盆地里相遇便形成锢囚锋。

当有冷空气从祁连山以北沿河西走廊经兰州折向西行,冷锋进入青海东部逐渐静止,而同时另一支冷空气从南疆进入柴达木盆地东移,两条冷锋常在西宁附近相遇而形成锢囚锋。

2. 华北地区

华北地区的地形特点是,西部和北部地势较高,东临渤海,中部、南部为华北平原。它是冷锋南下必经之地,锋面活动主要是冷锋,另有较少的暖锋和锢囚锋。

(1)冷锋

冷锋按其强弱大体上可分为强冷锋、一般冷锋和副冷锋。

①强冷锋

强冷锋多伴随着寒潮暴发而出现,高空图上锋区极明显,延伸较长,冷平流显著。多数是单独存在的冷锋,少数在蒙古气旋内于暖锋并存。整条冷锋处于地面强的冷高压前沿,等压线与锋线近似平行,锋多处在隐槽内,锋两侧等压线疏密相差很大。锋后有较强的正变压和大风,春季锋后多风沙。锋两侧温度相差很大。这种锋明显,比较好分析。

锋从西北方向来,锋前是西南风或南西南风。冷锋北段有的蒙古气旋或东北气旋里,当冷空气从北方移来时,在中蒙边界及东北境内形成强的东—西向冷锋,逐渐南压,锋后多吹偏北风。

②一般冷锋

自西部从新疆经河套、山西、河北东移的冷锋,在河西走廊及河套比较明显。锋前多偏东风或偏南风;锋后在内蒙古境内多西北风或偏西风,在山西境内多偏西风。冷锋越过太行山后,因下坡作用使河北西部有增温现象,风力较小,经常使锋减弱或消失。

从西北方向下来的冷锋,锋线是东北—西南向;锋前多西南风,锋后多西北风;冬季多西北大风,极少降水,夏季若高空冷平流较强时,常造成雷雨天气。这种冷锋往往东北段存在于东北气旋里,当气旋发展时,后部从北方带来新的冷空气常常形成副冷锋,分析中应注意到这一特点。

从华北及东北方向移来的冷锋,高空锋区呈东—西向时,锋后是偏北或东北风。当冷空气主力从东北经渤海湾向西南方向移动时,锋后华北平原有强的东北大风,同时冷空气经渤海湾增湿,加上大风扰动常形成低云降水天气。此时的冷气团湿度反而比暖气团湿度大,分析中应注意。

③副冷锋

往往是冷锋后又有新的冷空气下来而形成的。它的特点是比较浅薄,高空等温线与地面锋交角很大,副冷锋多处在地面冷高压的前沿,锋前后的风向切变不明显,仅有风速的差异(锋后大于锋前),温差较大,冬半年锋过后西北风加大,夏季常造成雷阵雨天气。副冷锋移动很快,南下后很快追上主冷锋而合并。

(2)暖锋

华北地区的暖锋活动比冷锋少得多,暖锋多在内蒙古一带及河北南部、山东西部地区形成,与气旋内的冷锋相结合,随同气旋向东北方向移出本区。夏季太平洋高压脊北上西伸到山西时,也有时在山西或北京东南方向生成气旋波,有暖锋(或准静止锋)经过本区。暖锋分析与一般暖锋分析相似,没有明显的特殊点。

（3）准静止锋

华北准静止锋存在时间不长，多演变成冷锋南下，或气旋波发展准静止锋转为暖锋，或就地消失。也有少数西移的冷锋受太行山阻挡而静止的。

（4）锢囚锋

除内蒙古以外本区由于气旋中冷锋追上暖锋而形成的锢囚锋比较少见。常见的是由西来与东来冷锋在山西迎面会合而成的锢囚锋。它的显著特点是从西面有冷锋自河西向东移，同时东面又有从东北经渤海湾向西偏南移动的冷锋，在河套东部于西来冷锋汇合形成锢囚锋（图 2-1-17）。在地面图上锢囚锋位于倒槽中，有时可分析出闭合低压。高空形势多为两槽一脊型，40°N 一带为平直西风，锋区明显，锢囚锋形成后高空图上有暖舌配合，云雨天气区域扩大，华北地区锢囚锋存在时间不长，整个过程 2～3 天即结束。

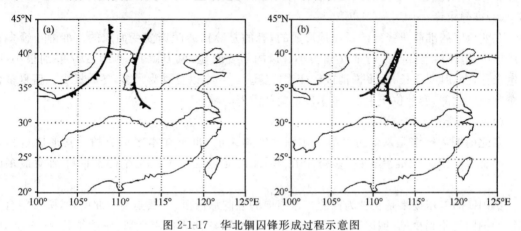

图 2-1-17　华北锢囚锋形成过程示意图
（a）锢囚锋形成前；（b）锢囚锋形成时

3. 东北地区

东北地区，冷锋、暖锋和锢囚锋都较常见。东北地区是我国气旋活动最多的地区之一，锋面气旋发展也比较完善。气旋一般都是从外区移来，如从蒙古向东南移来，从华北河套地区及黄河下游移来。影响本区的锋面，很多是伴随着这种气旋而来的。

（1）冷锋

冷锋有从西北方向的贝加尔湖、蒙古地区向东南移来的，有从偏西方向的新疆经内蒙古、华北进入东北的，还有从北面贝加尔湖以东向南以及鄂霍次克海北部向西南方向移入东北的。冷锋分析主要特点如下：

①气压场

有些冷锋不在槽中而在槽后，锋前后都是＋ΔP_3，不过锋后大于锋前。经过大约 6～12 小时后冷锋进入槽中。东北平原西部有东北—西南向的地形槽，槽中风切变明显，温差不大，有时被误认为有锋面存在，分析中要注意。

②风

当锋的北段少动，南段移动快，使原来东北—西南向的冷锋变为北—南向，甚至西北—东南向时。锋前后的风常为西南风与南风，或西风与西南风，或西南西风与南风，或西南风与南东南风之间的暖锋式切变，分析中要特别注意，不要把冷锋分析在西部地形槽里，而把暖锋分析在真正冷锋的位置上。

强的冷锋前有高云与层积云,锋后有第一型冷锋云系。弱的冷锋前后都有高积云、层积云、复高积云、积云性高积云等,距锋线较远处有卷云。很弱的冷锋和"干冷锋"两侧只有少量高云或无云。

(2)暖锋

暖锋多存在于贝加尔湖、内蒙古、黄河下游移入本区的气旋里,在分析上与一般暖锋没有特殊点。一般暖锋存在于低槽中,槽往往很浅。要注意的是向东南移动的暖锋,最大$-\Delta P_3$中心往往在暖区或暖锋的南端,而不是在锋前。南—北向或东北—西南向的暖锋,锋前是偏南风,锋后是西风或西北风。有时向南的暖锋,锋前是西风或西南风,锋后是北风或东北风,似冷锋切变,要特别注意不要分析成冷锋。一年中暖锋活动以4、5月份为最多。

(3)准静止锋

东北地区的准静止锋有的是原地形成的,有的是冷锋或暖锋演变而成的。准静止锋多在低压槽中,等压线与锋线平行或交角很小。风的切变明显,风力微弱,两侧ΔP_3差别很小,准静止锋存在的时间不长,大多锋消或转变为冷锋。一年中以夏季为最多,冬季极少。盛夏多位于东北地区北部,春秋位于中部,冬季位于南部沿海一带。

(4)锢囚锋

东北的锢囚锋多是从蒙古及贝加尔湖地区移来的,也有在本区形成的。其形成过程多属于冷锋追上暖锋或准静止锋,多位于在40°N以北地区。本区是全国锢囚锋活动最多的地区。

锢囚锋的气压场多是长轴为西北—东南向的椭圆形低压,少数是南—北向的,圆形闭合等压线的锢囚气旋则少见,锢囚锋的西部常有西北大风,东部为偏南大风,常能维持2～3天,随着气旋的填塞,锢囚锋也就消失了。

4. 西南地区

影响西南地区的锋主要是冷锋和准静止锋,暖锋和锢囚锋极少见,本区因北部有秦岭、大巴山的影响,进入四川的冷锋比东部的华中地区少得多,过四川往南则受层层增高的地势阻碍,便转为准静止锋。

(1)冷锋

影响四川盆地的冷锋主要来自三个方向,第一个来向是从新疆西部向东移经过酒泉、兰州到四川(图2-1-18),第二个来向是从蒙古北部或西北部向东南经兰州到四川(图2-1-19),第三个来向是从华北地区向南移来(图2-1-20),也有的在河西走廊、陕甘一带新生的冷锋移入四川,还有少数冷锋是在四川盆地形成的。

在地面图上冷锋后很少有完整的冷高压进入四川,而多为高压脊或分裂的小高压。冷锋进入四川前地面图上往往在西南地区先出现倒槽,它随着冷锋的进入而向南移。锋若在高压脊前,锋前后都是偏北风,锋后的风速大些。若冷锋在倒槽里,则锋前为偏南风,锋后为偏北风,锋后有明显的$+\Delta P_3$中心出现。除冬季外,一般当冷锋入侵时,因盆地多暖湿空气,所以常形成不稳定性天气。冬季冷锋进入四川后,应注意盆地近地面层有冷空气膜的作用使锋前后温差不明显。

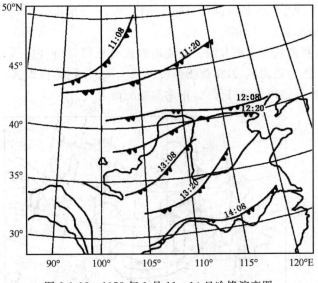

图 2-1-18 1958 年 1 月 11—14 日冷锋演变图

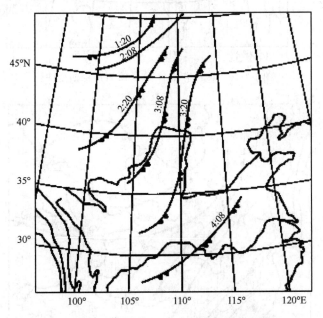

图 2-1-19 1957 年 6 月 1—4 日冷锋演变图

（2）准静止锋

西南地区因受地形及流场的作用常形成昆明准静止锋。其形成过程是南下的冷锋因云贵高原阻挡而演变成准静止锋。或由于西南涡东移后，涡后偏北气流带下的冷空气形成准静止锋。

准静止锋的位置因季节及冷空气的强弱而不同（图 2-1-21）。多数是位于贵阳与昆明之间，呈西北—东南向，北端在西昌以北，南端到广南以南。少数在贵阳以北，昆明以南。其最常见位置如图 2-1-21 中的 1，2，3 共占总出现次数的 85％以上，4，5 的位置约占 10％（图中 1—6 依次表示出现次数的多少）。昆明准静止锋出现的季节多在冬季，约占全年准静止锋出现日数的二分之一。冬季准静止锋维持时间长,约 10~15 天,夏季维持时间短,一般不足 6 天,昆明准静止锋有时与华南准静止锋相接。

锋附近的气温,西南侧高于东北侧。在使用温度分析锋面时,白天好用,夜间不好用。风场情况是,锋的东北侧为偏北风,西南侧为西南风或南风,特别是白天云贵高原西南风增强时风切变更明显。锋的西南侧是晴好天气,东北侧是阴雨天气。

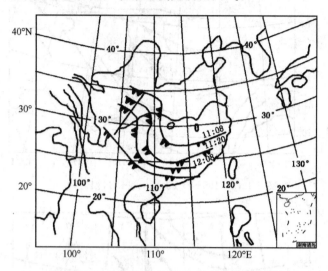

图 2-1-20　1957 年 3 月 11—12 日冷锋演变图

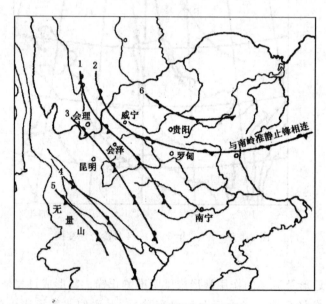

图 2-1-21　昆明准静止锋位置图

这些都是定锋的主要依据。高空图上锋区不明显,但切变线清楚,一般地面锋线在高空切变线南侧,随高度的增加切变线向北偏移。

5. 华东、华中地区

华东和华中两地区冷锋活动较多,暖锋较少,除武夷山区外极少有锢囚锋。初夏长江流域多准静止锋。这两地区锋面分析与一般锋面分析相比没有特殊点,故比较简单。

(1)冷锋

冬半年冷锋过山东、河南时少云,温度不明显,可依据$+\Delta P_3$及风的切变来定锋。在长江流域一带,温差较明显。长江以南温差有时不明显,可用$+\Delta P_3$、风向、露点和天气等来定锋。尤其是夏季不能用温差来定锋,因锋前常有降水蒸发降温。高空图上一般都有低槽配合,冷、暖平流明显。弱的冷锋(或副冷锋)往往在长江流域一带锋消。这种锋在高空图上有弱的冷平流,锋区不明显,有时有切变线相配合。

(2)暖锋

这两个地区暖锋的形成过程,多数是由准静止锋上产生气旋波形成的,有时是单独存在的,暖锋北上至淮河流域,与西来的冷锋结合,形成气旋东移出海。

暖锋两侧的气象要素差异并不像冷锋那样明显,主要特征是:风向呈暖锋式切变,等压线有明显的气旋性弯曲,锋前降水,在暖季是雷阵雨天气,气旋波暖区内,靠近中心地区,夏季有极强的雷雨。

(3)锢囚锋

锢囚锋主要出现在武夷山地区,是由地形影响所致。这种锋,依据地面图上的风场、850 hPa温度场,结合地形特点,不难分析出来。

6. 华南地区

华南地区以冷锋和准静止锋最常见。冷锋冬季活动较多,夏季极少,准静止锋则以春秋季节活动比较频繁。

(1)冷锋

冷锋多数是从北方移来的,少数是在南岭地区附近形成。若冷空气从110°E以西南下,冷锋呈东北—西南向,若冷空气从河套经两湖盆地南下,则冷锋多呈东—西向,若冷空气从河套以东,经大陆东部沿海南下时,则冷锋呈西北—东南向。

华南冷锋前后温差一般比较明显,但在汕头地区例外,那里除强冷锋外,一般温差不明显,$+\Delta T_{24}$可作为定锋的参考,若锋前后天气区域宽广则不好用。一般秋冬季节好用,春季不好用。正变压中心往往出现在锋线后$1\sim2$个纬距的地方。天气区域大致以锋线为界限,锋前天气好,锋后多阴雨。

(2)准静止锋

华南准静止锋多是冷锋南下,冷气团逐渐变性势力减弱而形成,常位于南岭一带,西段多和昆明准静止锋连接在一起。它的坡度较小,厚度浅薄,因而在500 hPa等压面图上表现不明显。但在850 hPa等压面图上有较弱的锋区,与横槽(切变线)相配合,湿度场上也能反映出锋面特征。在地面图上,锋附近$+\Delta P_3$不太明显。锋的北侧有大片阴雨天气,白天锋两侧温差明显,夜间温度就缺乏代表性。锋两侧有明显的切边,北侧为偏东风,南侧为偏西南风。

2.1.3　任务实施步骤

(1)学习知识准备内容;发锋面初步分析图一套(地面图三张);锋面综合分析图一套(500、700、850 hPa等压面三张和地面图一张);锋面分析教学图例。

（2）首先每人发锋面初步分析图，绘制等压线并标注高、低压中心及强度。绘制等三小时变压线并标注正、负变压中心及强度。

（3）绘制各种降水区及特殊天气现象。

（4）根据地面图上的气象要素场的分布定出锋面位置。

（5）每人再发锋面综合分析图，地面图的分析同上，在高空图分析等高线，标注高低压中心。

（6）分析槽线和切变线。

（7）分析等温线，标注冷暖中心；注意高空锋区的位置以及冷暖平流的区域。

（8）结合其他资料，在地面图上确定锋面的位置。

（9）完成任务工单中的任务。

任务 2.2 地转风涡度计算

2.2.1 任务概述

本任务主要练习在天气图上计算地转风涡度,熟悉计算原理和方法;对天气图进行网格化处理,正确读取位势高度;明确各种参数的意义,单位的选取,学会地转参数的查算;通过计算练习,掌握计算地转风涡度的方法、步骤,在计算过程中能逐步理解并掌握地转风涡度在天气图上的分布规律,以加深对地转风涡度的理解,并学会对结果进行分析。在后面的天气分析中,运用涡度理论分析气旋与反气旋的发生发展变化。

2.2.2 知识准备

大气运动具有各种各样的形式,而涡旋运动就是其中的一种形式。为了描述空气的涡旋,引入一个物理量涡度,用来表示流体微团(质块)旋转程度和旋转方向。通常流体微团的这种旋转主要在水平面上,因此定义在水平面上绕垂直坐标轴旋转的涡度分量为垂直涡度。在 P 坐标系中垂直涡度的表达式为:$\zeta = \dfrac{\partial v}{\partial x} - \dfrac{\partial u}{\partial y}$。

在中纬度的自由大气中,可用地转风近似代替实测风求算垂直涡度,即得地转风垂直涡度:$\zeta_g = \dfrac{\partial v_g}{\partial x} - \dfrac{\partial u_g}{\partial y}$,其中地转风可以直接从高度场求算:

$$u_g = \frac{-9.8}{f}\frac{\partial H}{\partial y}$$

$$v_g = \frac{9.8}{f}\frac{\partial H}{\partial x}$$

为等压面上的地转风,在实际计算中,将微分换成差分,则在等压面图上可以直接用位势高度的差值来代替水平风速切变 $\dfrac{\partial v_g}{\partial x}$ 和 $\dfrac{\partial u_g}{\partial y}$ 来计算地转风涡度。

$$\zeta_g = \frac{9.8}{f}\left[\frac{\Delta}{\Delta x}\left(\frac{\Delta H}{\Delta x}\right) + \frac{\Delta}{\Delta y}\left(\frac{\Delta H}{\Delta y}\right)\right]$$

式中 Δx 和 Δy 表示空间水平方向上的实际距离。为了方便计算,常在计算的区域内选取正方形网格,使得

$$\Delta x = \Delta y = d = \frac{l}{Km}$$

式中 l 为天气图上的网格长度。K 为地图的比例尺,m 为地图的投影放大率,是一个随纬度而变化的数。对兰勃特正形圆锥投影的天气图,在 $30°N$ 和 $60°N$ 处,$m = 1$。

例如:在图 2-2-1 中若缩尺 $K = \dfrac{1}{2 \times 10^7}$,若取 $l = 1$ cm,则在 30°N 和 60°N 处 $d =$

$\dfrac{1}{1/(2 \times 10^7)} = 200$ km。

对图 2-2-1 中的 O 点,地转风涡度的计算公式为:

$$\zeta_{go} = \frac{9.8K^2 m^2}{fl^2}\left[H_A + H_B + H_C + H_D - 4H_O\right] \qquad (2\text{-}2\text{-}1)$$

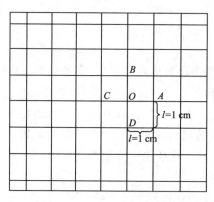

图 2-2-1   计算区域及正方形网格

资料:1973 年 4 月 30 日 08 时 500 hPa 高度场资料,如图 2-2-2 所示:$K = \dfrac{1}{2 \times 10^7}$

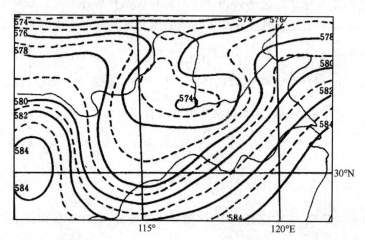

图 2-2-2   1973 年 4 月 30 日 08 时 500 hPa 高度场

2.2.3　任务实施步骤

(1)学习知识准备内容。

(2)确定网格,并计算出相应纬度上的 $\dfrac{9.8K^2 m^2}{fl^2}$ 值。为了方便计算,本任务 $m = 1$,K 的值以图上比例尺为准。计算时取 $l = 1.5$ cm。

(3)在低压中心、高压中心,槽区、脊区和槽前脊后及槽后脊前各选一点,用内插法读取所选网格点上的位势高度值 H(精确到 dagpm),填写于自制表格中。

(4)应用公式(2-2-1)计算各点地转风涡度,填写于表格中。

(5)对计算结果进行分析,并讨论天气图上槽、脊、低压、高压附近涡度的分布规律。撰写计算结果分析报告。

(6)完成任务工单中的任务。

任务 2.3　温带气旋的分析

2.3.1　任务概述

通过本任务,熟悉影响我国的温带气旋发生的地理位置,北方气旋和南方气旋的活动规律、演变特征、天气特征、活动的主要季节。熟悉温带气旋在发展的各个阶段在天气图上表现出来的温压场特征;初步学会判断环流形势的主要特征,辨认高空和地面的主要影响系统,理解锋面气旋的热力结构和各个发展阶段的主要特征。

2.3.2　知识准备

我国地处东亚大陆,在这一地区活动的温带气旋主要发生在两个地区。一个地区位于 25°—35°N,即我国的江淮流域、东海和日本南部海面的广大地区,习惯上称为南方气旋,南方气旋有江淮气旋和东海气旋。另一个地区位于 45°—50°N。并以黑龙江、吉林与内蒙古的交界地区产生最多,习惯上称为北方气旋,北方气旋有蒙古气旋、东北气旋、黄河气旋、黄海气旋。

2.3.2.1　北方气旋的活动规律

北方气旋包括蒙古气旋、东北气旋、黄河气旋、黄海气旋。根据 1971—1980 年 10 年的资料统计,北方气旋每年平均出现 70 次左右,四季均可发生,春季最多,冬季最少。蒙古气旋是东亚最强的温带气旋,直径达 2000 km,中心气压平均为 998 hPa,北方气旋的天气特征主要是大风和降水。其中蒙古气旋以大风最为突出,有时在冷锋后部会出现降水,一般来说,黄河气旋的降水概率比蒙古气旋大。

1. 蒙古气旋

蒙古气旋是指蒙古境内发生或发展的锋面低压系统。蒙古气旋多发生在蒙古中部和东部的高原上,蒙古气旋的发生与这个地区的地形密切相关。由于该地区的西部、西北部有阿尔泰山、萨彦岭和杭爱山等山脉,其西南方有天山,蒙古中部和东部处于背风坡,因此有利于气旋生成。

蒙古气旋一年四季均可出现,但以春秋季为最多。尤其春季为最多(3、4、5 月三个月达 56%),冬夏两季出现最少。

从地面形势看,蒙古气旋形成过程大致可分为三类:即暖区新生气旋、冷锋进入倒槽形成的气旋、蒙古副气旋。其中暖区新生气旋出现次数最多,下面首先介绍蒙古气旋形成的地面形势。

(1)暖区新生气旋

这类蒙古气旋出现次数最多。当中亚细亚或西西伯利亚发展很深的气旋(其中有成熟的,也有锢囚的)向东北或向东移动时,受到蒙古西部的萨彦岭、阿尔泰山等山脉的影响,往往减弱、填塞。再继续东移过山后,有的在蒙古中部重新获得发展,有的则移向中西伯利亚,当它行抵贝加尔湖地区后,它的中心部分和其南面的暖区脱离而向东北方移去,南段冷锋则受地形阻挡,移动缓慢,在它的前方暖区部位形成一个新的低压中心,后来西边的冷空气进入低压,产生冷锋。同时在东移的高空槽前暖平流的作用下,形成暖锋,于是就形成蒙古气旋(图 2-3-1)。

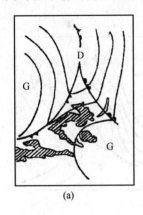 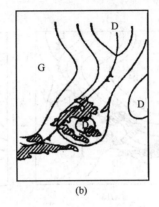 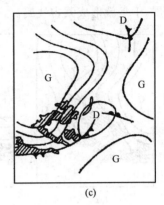

(a) (b) (c)

图 2-3-1 暖区新生气旋过程示意图

(2)冷锋进入倒槽生成气旋

从中亚移来或在新疆北部一带发展起来伸向蒙古西部的暖性倒槽,当其发展较快时,往往在倒槽北部形成一个低压。以后,当冷锋进入其后部时,即形成锋面气旋(图 2-3-2)。

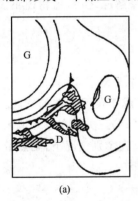 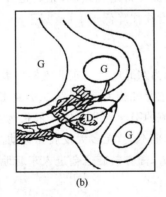 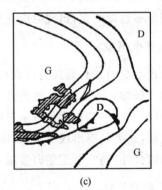

(a) (b) (c)

图 2-3-2 冷锋进入倒槽生成气旋过程示意图

(3)蒙古副气旋

它是由于西来冷空气分成两股,一股从萨彦岭以北的安加拉河、贝加尔湖谷地进蒙古中部;另一股从巴尔喀什湖以东谷地进入我国新疆北部。这两股钳形冷空气把蒙古西部围成一个相对低压区。此时,整个冷空气的主力仍停留在蒙古西北部边缘和苏联相接壤的地区,以后随着冷空气向东移动,在其前方的相对低压区产生气旋,并获得发展。

蒙古气旋形成的高空温压场特征是:当高空槽接近蒙古西部山地时,在迎风坡减弱,背风坡加深,等高线遂成疏散形势,由于山脉的阻挡,冷空气在迎风面堆积,而在等厚度线上表现为明显的温度槽和温度脊。在这种形势下,蒙古中部地面先出现热低压或倒槽或相对暖低压区。当其上空疏散槽上的正涡度平流区叠加其上时,暖低压即获得动力性的发展。与此同时,低压前后上空的暖、冷平流都很强,一方面促使暖锋锋生,一方面推动山地西部的冷锋越过山地进入蒙古中部,于是蒙古气旋便形成了。在此过程中,高空槽也获得发展。它之所以称为蒙古副气旋,是由于在它出现之前,从萨彦岭以北的安加拉河到贝加尔湖谷地进蒙古中部的那股冷空气前沿,已经形成了一个蒙古气旋。因此,将蒙古相对低压区中形成的气旋称为蒙古副气旋(图2-3-3)。当有蒙古副气旋生成时,前一个蒙古气旋很快东移填塞。副气旋发生后,大多数都能发展,于是就形成蒙古气旋。

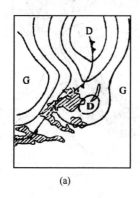 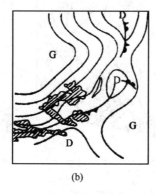 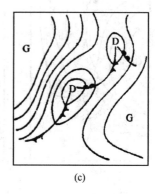

(a)　　　　　　　　　(b)　　　　　　　　　(c)

图 2-3-3　蒙古副气旋生成过程示意图

一般气旋所具有的天气现象都可以在蒙古气旋中出现,其中比较突出的是大风。蒙古气旋活动时,总是伴有冷空气的侵袭,所以降温、风沙、吹雪、霜冻等天气现象都可以随之而来。由于这个地区降水较少,大风又多,故经常出现风沙,尤其是春季解冻之后,植物还不茂盛,风沙出现最多也最严重,出现时能见度往往降低到 1 km 以下。

2. 东北气旋

出现于我国东北地区的气旋称为东北气旋。东北气旋多数从外地移来,其来源有三类:一是蒙古气旋移入东北地区,这类占东北气旋大部分;第二类是形成于黄河下游的气旋,当高空槽的经向度较大时,在槽前偏南气流的引导下北上进入东北地区;第三类是在东北地区就地形成的气旋,这类气旋出现不多,强度也不大,无多大发展和移动。在个别情况下,副热带急流与温带急流合并,高空急流经向度很大,南方气旋也会进入东北地区。

3. 黄河气旋

黄河气旋介于蒙古气旋和江淮气旋之间,形成于黄河流域,大多发生在黄河口及其以东海面,具有生成突然、发展迅速、生命短暂的特点。黄河气旋一年四季均可出现,以夏季为最多,它是影响我国华北和东北地区的重要天气系统。黄河气旋是夏季降水的重要系统,当其发展时可带来大风和暴雨。在其他季节,一般只形成零星的降水,主要是大风天气。东移的黄河气旋一般不易发展,当其向东北方移动进入东北时,可以得到发展。按高空环流形势分类,黄河气旋可分为三种类型。

(1)纬向型

此类气旋在发生前 24 小时,500 hPa 等压面上欧亚地区为一脊一槽,长波脊位于 20°—50°E;亚洲北部为一个稳定的大低压,有时亚洲西部有一横槽;亚洲中纬度为纬向环流,盛行偏西风,经常从大低压中分裂出短波槽东移,见图 2-3-4。锋区分为北、中、南三支。北支锋区紧靠亚洲北部大低压南侧,位于 45°—55°N,锋区强,西风风速较大,低槽东移速度较快;中支锋区在 35°—

45°N,锋区较弱,西风风速较小,低槽移速较前两者慢,黄河气旋即产生于这支锋区上;南支锋区位于25°N附近,它的西风风速及锋区强度往往不弱于北支锋区。三支锋区的配置,与气旋的发生、发展及大风的强弱有密切关系。多数情况下,中支与南支锋区上的两支低槽是同位相的,低槽前部的地面减压,首先在太行山东侧形成低压,待冷空气进入后,在黄河下游形成气旋入海。气旋生成前24~36小时,500 hPa等压面上在哈密、银川之间有一低槽,700 hPa或850 hPa等压面上在40°N以南、105°E以东的中支锋区上为西南气流,暖平流较明显。相应地面图上,华西倒槽发展,伸向黄河中下游,其中常有暖性低压出现;倒槽后部有冷锋经河西走廊东移见2-3-4(b)。

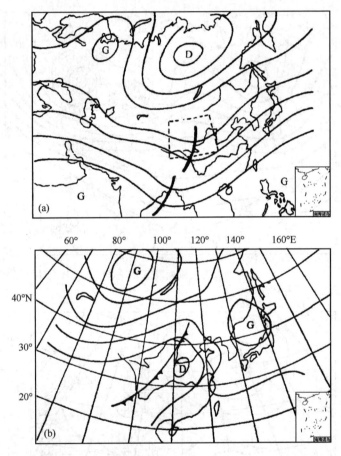

图 2-3-4　纬向型黄河气旋生成前24小时500 hPa(a)和地面(b)形势

(2)经向型

经向型黄河气旋发生前后,500 hPa上亚欧中高纬度为经向环流,欧亚为稳定的两槽一脊。见(图2-3-5)。长波脊位于70°~90°E,长波脊的两侧及东欧和亚洲东部各有一个较深厚的低压槽,从中西伯利亚经蒙古到我国渤海、黄海为稳定的西北气流控制,北支锋区上的短波槽沿锋区向东南方向移动,移过120°E后并入东亚大槽。

锋区分为两支,一支位于西伯利亚中部经蒙古、我国华北到渤海一带,呈西北—东南向,它是由北支和中支锋区合并而成,气旋即产生于这支锋区上;另一支为南支锋区,位于25°N附近,当两支锋区在我国东部沿海合并时,可使偏北大风影响范围向南扩大。多数情况下500 hPa等压面上的高度槽不明显,但温度槽较为明显。气旋生成前24~36小时,乌兰巴托以西为负变温,以东为正变温。700 hPa 或 850 hPa 等压面上的高度槽和温度槽均较明显,槽线呈东北—西南向,槽前为偏西气流,暖平流指向东方或东南方。

地面图上,气旋生成前 24～36 小时,在蒙古东部有一条东北—西南向的冷锋,中、蒙交界处到华北平原往往有向北或东北方向开口的阶梯槽,与北槽向配合的为一个锋面气旋,南槽为一个暖性干槽,见图 2-3-6,此时南槽前部的暖锋锋区已经具备,待冷空气进入南槽后,气旋在华北到渤海西部一带生成。另一种类型是,阶梯槽不明显,气旋在华北北部生成后,沿高空引导气流向东南方向移入渤海。

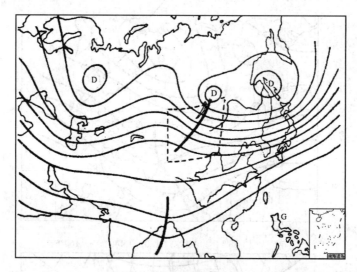

图 2-3-5 经向型黄河气旋生成前 24 小时 500 hPa 形势

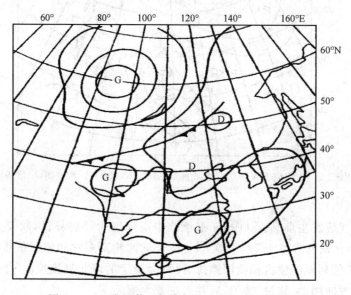

图 2-3-6 经向型黄河气旋生成前 24 小时地面形势

(3)阻塞型

该类气旋生成前后,500 hPa 等压面上亚洲北部(55°—75°N、80°—110°E)是一个稳定的阻高,其两侧的乌拉尔山和俄罗斯的滨海省各为一个切断低压(图略),西风分支点一般位于乌拉尔山南部或咸海一带,北支锋区绕过阻高,在贝加尔湖以东形成一支西北—东南向的强锋区;在阻高南侧的中支锋区较平直,强度较弱,中支锋区上经常有短波槽东移。两支锋区的汇合点一般在华北东部到渤海一带。此类黄河气旋发生过程具有经向型气旋和纬向型气旋相结合的特征,气旋线在中支锋区上生成,气旋入海后,北支锋区上的冷空气很快南下侵入气旋后部,引起较强的偏北大风。

2.3.2.2 南方气旋的活动规律

南方气旋包括江淮气旋、东海气旋、黄淮气旋,其中最典型的南方气旋是江淮气旋。下面主要介绍江淮气旋的特征及发生过程。

江淮气旋主要发生在长江中下游、淮河流域和湘赣地区,一年四季皆可形成,但以春季和夏季较多,7月份发生概率最高。江淮气旋的平均移动路径主要有两条:一条是东北路径,主要由淮河上游经洪泽湖从盐城南部入海,过朝鲜半岛向东北方向进入日本海;另一条路径是南路东移路径,由洞庭湖出发经黄山北部、皖中平原到江苏南部沿海,从长江口向长崎、大阪一带移动。

江淮气旋的形成过程大致可分为两类:

①静止锋上的波动。波动类气旋是指西南涡沿江淮切变线东移过程中,地面准静止锋上产生的气旋波。这类江淮气旋的形成过程与典型气旋的生成过程类似。当江淮流域有近似东西向的准静止锋存在时,如其上空有短波槽从西部移来,在槽前下方由于正涡度平流的减压作用而形成气旋式环流,偏南气流使锋面向北移动,偏北气流使锋面向南移动,于是静止锋变成冷暖锋。若波动中心继续降压,则形成江淮气旋。

②倒槽锋生气旋。开始时地面变性高压东移入海后,由于高空南支锋区上西南气流将暖湿空气向北输送,地面减压形成倒槽并向东伸。这时在北支锋区上有一小槽从西北移来,在地面上配合有一条冷锋和锋后冷高压。而后由于高空暖平流不断增强,地面倒槽进一步发展并在槽中江淮地区有暖锋锋生,并形成了暖锋。此时,西北小槽继续东移,南北两支锋区在江淮流域逐渐接近。冷锋及其后部高压也向东南移动,向倒槽靠近。最后,高空南北锋区叠加,小槽发展,地面上冷锋进入倒槽与暖锋结合,在高空槽前的正涡度平流下方,形成江淮气旋。

倒槽锋生气旋的形成与典型气旋的形成模式大不相同。其主要区别是:①典型气旋发生在冷高压的南部,东、西风的切变明显;而这类气旋是发生在倒槽中,具有西南风和东南风的切变。②典型气旋形成开始就存在有明显的锋面,高空气流平直,没有明显的槽;而这类气旋在形成之初无明显锋区,以后由于锋生,锋区才开始明显起来,但高空却有比较明显的槽。从上可见,典型气旋是在高空平直气流的扰动上发展起来的,而这类气旋则是在已有的高空槽上发展起来的。

大多数的江淮气旋可造成强降水,是造成江淮地区暴雨的重要天气系统。70%的发展气旋可产生暴雨。例如:在江苏58.7%的江淮气旋可造成暴雨,21%可造成大暴雨,2.7%可造成特大暴雨。迅速发展的江淮气旋还伴有较强的大风,暖锋前有偏东大风,暖区有偏南大风,冷锋后有偏北大风。

江淮气旋的雨区与典型气旋模式类似。暴雨在各个部位均可发生。根据总结,如果气旋形成位置偏西,而向东移,又有低空切变线(850 hPa 及 700 hPa)与之配合,则雨区移向与气旋中心路径一致。如果气旋形成位置偏东,向北移动,则除了在气旋中心有暴雨外,冷锋经过的地区也可产生雷雨或暴雨。

2.3.3　任务实施步骤

(1)学生分组,每组 4 到 5 人,每组发北方气旋教学图例两套,底图一张,布置任务,在教师的指导下学生学习知识准备相关内容。

(2)根据教师布置的任务,每组分析一次天气过程,组内成员集中看图,集体讨论分析。

(3)结合所学知识,在地面图上重点分析锋面及地面气旋中心、锋系、$+\Delta T_{24}$ 中心和 ΔP_3 中心。气旋在各个发展阶段中上述系统的演变特征。

(4)在高空图上重点分析锋面气旋在发展的各个阶段的高空主要影响系统,如:700 hPa 的影响槽及 700 hPa($-\Delta H_{24}$)中心和 $+\Delta T_{24}$ 中心,锋区的强弱变化,冷暖平流的位置;500 hPa 环流形势的演变,高空槽的发展及移动规律,高空温压场的演变形势,并且注意温度平流和涡度平流对气旋发展、演变的影响作用,正确判断气旋发展各个阶段的温压场结构。

(5)根据分析结果,每组在空白图上绘制地面锋面气旋发展演变动态图。

(6)讨论题:①通过本个例分析说明该气旋发生、发展有何特点?

②气旋发生、发展过程中,高、低空系统是如何配置的?

(7)撰写分析报告。每组选派一到两人,在班级内公开演讲,各组之间进行交流会商。

(8)完成任务工单中的任务。

学习情境 3

MICAPS 系统的操作

任务 3.1　认识 MICAPS 系统

3.1.1　任务概述

通过多媒体教学、上机操作、现场指导等方式,使学生熟悉 MICAPS 系统的基本结构,MICAPS在气象业务系统中的位置及掌握系统的基本功能。以便于以后做天气预报时,能够熟练地应用 MICAPS 系统。

3.1.2　知识准备

3.1.2.1　系统介绍

MICAPS(Meteorological Information Comprehensive Analysis and Processing System,气象信息综合分析处理系统)是我国气象预报业务系统的一部分,在气象业务系统中的位置如图 3-1-1 所示。

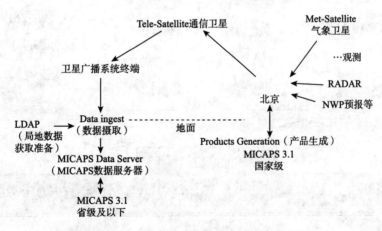

图 3-1-1　MICAPS 在气象业务系统中的位置

MICAPS 3.1 包括数据服务器、应用服务器和客户端三部分,系统结构如图 3-1-2 所示。

MICAPS 3.1 客户端总体功能结构图 3-1-3 所示。

系统采用开放式框架结构,方便二次开发和基于 MICAPS 3.1 的业务系统建设,系统核心提供地图投影、模块管理、窗口显示与操作、图层管理、交互功能接口等基本功能,提供功能模块开发接口,所有功能模块按照主框架提供的开发接口开发,地图绘制与各类资料显示以及菜单设计等均由相应的扩展模块完成,系统启动时扫描模块路径,并加载各目录下的功能模块。

系统由主框架和核心模块组成,基本结构如图 3-1-4 所示。

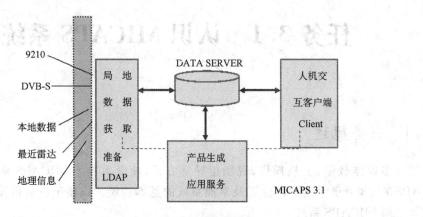

图 3-1-2　MICAPS 系统结构图

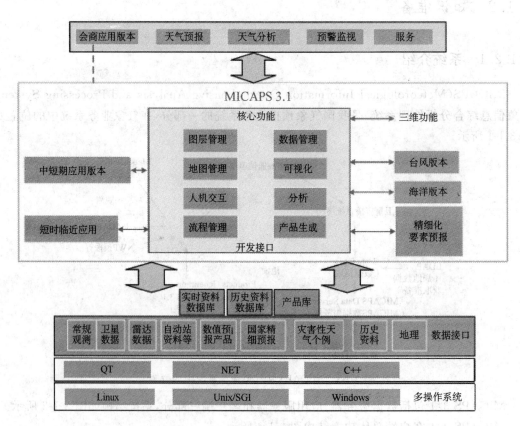

图 3-1-3　MICAPS 3.1 客户端功能结构图

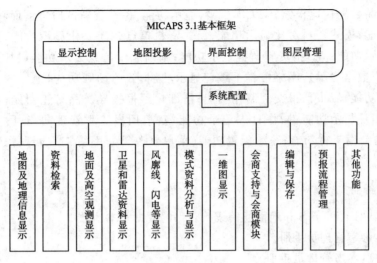

图 3-1-4 系统功能结构图

3.1.2.2 系统功能

MICAPS 3.1 客户端可以显示和处理基本气象观测数据、图像产品、数值预报格点资料、为绘制天气图和制作预报产品而进行的交互操作,并具有常用的资料处理工具。

MICAPS 3.1 采用开放式软件框架,实现多平台运行,系统框架管理各功能模块,功能模块可以任意增加或删除。系统提供多种气象资料分析和可视化、预报制作、分析、产品生成功能,为不同业务提供专业化版本,满足多种业务需求。

系统提供常规观测、自动站、高分辨率云图、雷达、闪电定位、风廓线仪等资料的监视显示。可以实时显示监视数据,出现重要信息可以根据用户的需要设置阈值提供报警功能。

MICAPS 3.1 在 1.0 和 2.0 版功能的基础上针对目前业务发展和大量新观测资料的应用支持需求,增加了雷达、高分辨卫星、自动站、风廓线仪、闪电资料的显示,增加了动态菜单配置,初步实现了预报人员的日志记录管理和预报流程管理支持,增加了历史资料的应用。

MICAPS 3.1 增加了数据检索方式,扩展了数据类型定义,增强了数据格式的适应性,提高了图像显示质量。

1. 系统功能列表

(1)系统基本功能

MICAPS 基本数据显示功能(第 1—19 类数据,其中第 9 类和第 19 类数据有限支持);预报制作、等值线修改、天气图分析需要的交互功能;打印功能;地面三线图绘制;一维图显示功能;玫瑰图和饼图显示;地图投影切换功能。

(2)新增功能

预警信号制作功能;雨量累加功能;地面和离散点数据的统计功能;台风路径动画显示功能;GPS 水汽填图和时间序列显示功能;风廓线资料显示功能;雷达资料(基数据和 PUP 产品)显示功能;卫星资料(标称图、AWX 格式云图及产品、GPF 格式)显示功能;卫星 AWX

格式云图和产品数据快速检索；netCDF 资料显示功能；探空资料的时空剖面功能；模式资料的时空剖面功能；模式资料对比显示功能；模式资料单点时间变化显示功能；模式资料邮票图和切片图显示功能；WS 报资料监视显示功能；基础地理信息显示功能（MIF 和 SHP 格式数据显示、高程数据显示）；网络数据下载与显示功能；云图动画功能；地球球面距离和球面近似面积计算功能；城市预报交互制作功能；精细化预报指导产品订正功能；文本文件编辑与传输功能；图片显示功能；操作日志记录功能；基本预报流程管理功能；图像保存和动画 GIF 生成功能；会商支持功能；系统配置功能（菜单修改等）；系统二次开发接口提供扩展功能模块开发。

2. 数据服务器

数据来源：9210、DVB-S 和地面通信线路获得的数据及本地数据。

目录结构：参考管理员手册。

服务器管理：参考管理员手册。

数据服务器提供 MICAPS 3.1 使用的数据，并自动更新，系统开发组提供数据服务器管理工具（参见系统管理员手册）。

3.1.3　任务实施步骤

（1）班级自由组合成若干组，每组自行选出一名组长。

（2）组长召集组员自学系统结构、系统功能的知识准备内容。

（3）教师在投影上将 MICAPS 3.1 系统的显示区打开，让学生熟悉系统。

（4）组与组之间相互讨论，并描述系统结构、系统功能的内容。

（5）老师检查每组的学习情况，并予以评价、总结。

（6）完成任务工单中的任务。

任务 3.2　MICAPS 客户端的使用

3.2.1　任务概述

通过多媒体教学先演示安装 MICAPS 系统的全部过程,让学生熟悉;再通过上机操作、现场指导等方式,使学生学会安装 MICAPS 系统。安装完成之后,能够启动与退出系统,并且通过学习,掌握系统的配置。以此达到学生团结协作、自主学习的能力。

3.2.2　知识准备

3.2.2.1　系统硬件配置

MICAPS 3.1 工作站硬件为具有双屏显示的图形工作站或高档微机,两个图形显示屏共用键盘和鼠标,推荐操作系统使用 Windows XP。

计算机推荐配置为:

①高级配置:图形工作站

CPU:至强 CPU,主频 3.0G 以上(或双核 2.0G 以上)

内存:2～4G

硬盘:73G 以上,可用空间 1G 以上。

显卡:256M 显存或以上

显示器:双 20 寸显示器

软件环境:Windows XP 简体中文专业版或 64 位 Windows XP。

如果使用 64 位操作系统,安装过程略有不同,需要安装 64 位 .Net 运行环境(自行下载)。

②中级配置:高档微机

CPU:Intel 3.2G 以上

内存:2G

硬盘:80G,可用空间 1G 以上。

显卡:支持独立双显,显存 128M 或 256M

显示器:两台 19 寸液晶显示器

软件环境:推荐使用 Windows XP 简体中文专业版

③最低配置:

CPU:Intel Pentium 2.8G

内存:1G

硬盘:IDE 80G

显卡：显存 64M

显示器：17 英寸*液晶显示器或 CRT 显示器

软件环境：Windows XP 简体中文专业版

3.2.2.2　安装过程

运行安装目录下的 setup. exe,出现下面安装界面(图 3-2-1)。

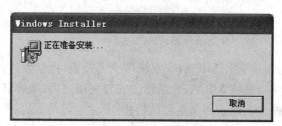

图 3-2-1　准备安装系统

安装程序将检测系统是否已经安装. Net 运行环境,如果没有安装,将提示安装该环境,出现图 3-2-2 界面。

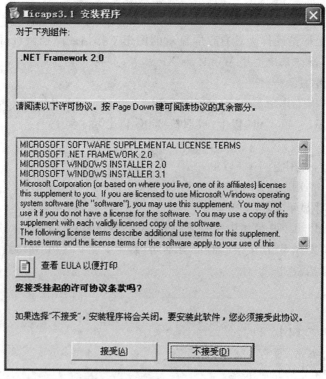

图 3-2-2　安装. Net 运行环境

选择"接受",否则,系统安装将无法继续。

然后系统检测是否需要安装 Visual C++运行库,如果需要安装,则出现图 3-2-3 所示界

---

*　1 英寸＝2.54 cm,这里表示液晶显示器荧屏的对角线长度,为 $17 \times 2.54 \approx 43 (cm)$

面,选择安装。

选择安装上述两个组件后,系统开始安装.Net 运行环境(图 3-2-4)和 Visual C++运行库(图 3-2-5)。

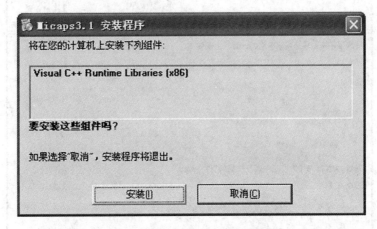

图 3-2-3　Visual C++运行库安装

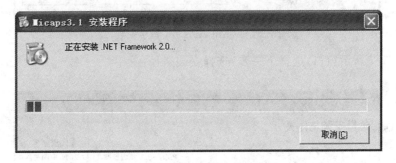

图 3-2-4　.Net 运行环境安装

图 3-2-5　Visual C++运行库安装

上述组件安装完毕,安装程序开始安装 MICAPS 3.1,缺省安装目录为 C:\MICAPS 3。

如果系统内已经安装过 Microsoft .Net Framework 2.0 和 Microsoft Visual C++2005 Redistribution 两个软件,则安装程序不会出现提示直接进入下面的安装步骤。

上述软件安装完毕后,出现图 3-2-6 所示窗口,开始安装 MICAPS 3.1 的程序,选择下一步。

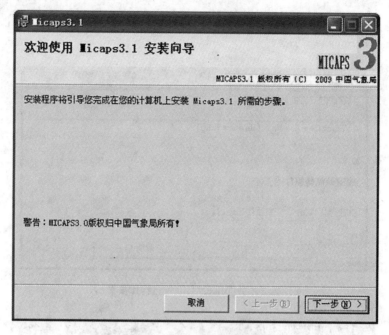

图 3-2-6　MICAPS 3.1 程序安装

出现图 3-2-7 所示窗口,选择下一步,选择安装路径。

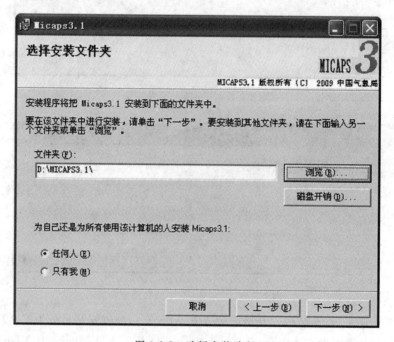

图 3-2-7　选择安装路径

请使用缺省安装目录,选择下一步(图 3-2-8)。

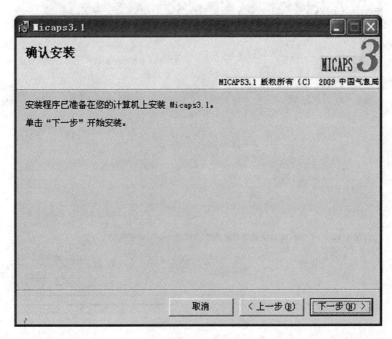

图 3-2-8 确认安装

选择下一步后,出现以下进度(图 3-2-9):

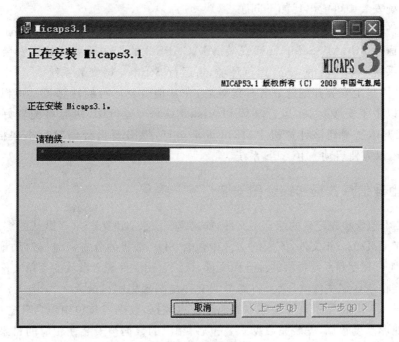

图 3-2-9 安装进度

安装完毕后,出现关闭窗口(图 3-2-10)。

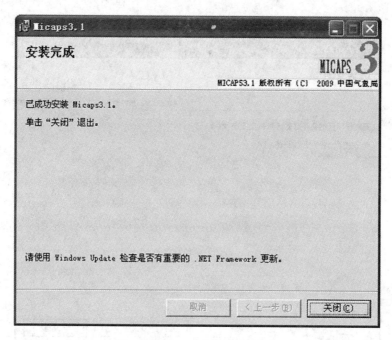

图 3-2-10 安装完毕

点击"关闭"按钮,安装完成,在桌面上添加指向安装目录下 MICAPS.exe 文件的快捷方式,可以通过该快捷方式启动 MICAPS 3.1。

注意:系统安装中可能出现如下问题。

如果运行安装程序出现无法安装的错误,一般是系统已经安装了不同版本的 .Net 运行环境,这时直接运行 MICAPSSetup.msi 安装 MIACAPS 3 的程序即可。如果安装后系统不能运行,请删除系统原来安装的 .Net 运行环境,再运行 Setup.exe 安装系统。

在一台计算机上安装并配置好各种设置后,在其他需要运行的计算机上可以不重复上述安装过程,可以手工安装 .Net 运行环境和 Visual C++运行库,然后将配置好的 MICAPS 3.1 文件目录整体复制到该计算机上,即可正常运行,但需要自行创建一个快捷方式,指向 MICAPS.exe,以方便启动 MICAPS 系统。

3.2.2.3 地理信息数据和综合图安装

系统安装不包含预先定义的综合图文件,如果需要安装 MICAPS 3.1 默认的综合图文件,安装光盘中带有 addData.rar 文件,该压缩文件中包含 SHP 格式的分省河流、省界、地区界、县界、乡镇居民点、地形高度和系统提供的综合图文件,该综合图文件配合默认的菜单文件使用。

可以直接将该压缩文件解压后,将需要的文件复制到相应目录。

MICAPS 3.1 安装程序只安装基本的地理信息数据,数据安装包中包含分省的 1—5 级河流和分区的地形高度数据,安装完数据安装包后,相应的数据被安装在相应的目录下。

建议安装并进行本地化配置后,保留一个配置后的完整安装目录,可以将此目录复制到其他需要安装该系统的计算机上,只需安装 .NET 运行环境和 Visual C++运行库后就可以正常运行(如果已经安装过上述两个软件,则可以直接运行)。

3.2.2.4　系统卸载与重新安装

如果需要卸载 MICAPS 3.1,请在控制面板中运行"添加或删除程序",在当前安装的程序列表中找到 MICAPS 3,点击"更改/删除"按钮,即可卸载 MICAPS 3.1。

重新安装 MICAPS 3.1 需要先卸载该系统,然后才能重新安装,安装步骤同上。

3.2.2.5　系统启动与退出

1. 输入设备

两个输入设备:鼠标和键盘。

鼠标:标准配置应使用三键鼠标或带滚轮的鼠标(图 3-2-11),各键功能如下:

左键:选取菜单、工具栏按钮、选择编辑工具、交互操作、选取漫游后具有漫游功能、双机放大、确认对话框、定位对话框输入焦点、同时按下 Ctrl 键和左键可以旋转地图等。

图 3-2-11　三键鼠标

在四分屏显示模式下,点击左键可以激活当前鼠标所在窗口,以后打开的文件将在该窗口显示。

中键:按下后移动为漫游。

右键:双击缩小、右键拉框放大、交互操作时为确认、剖面确定、按下 Ctrl 键和右键可以保存选择区域为图片等。

带滚轮的鼠标:如果使用带滚轮的鼠标,则左右键与标准三键鼠标相同,鼠标滚轮可作为鼠标中键使用,同时可以使用鼠标滚轮放大和缩小地图,向前滚动滚轮放大地图,向后滚动滚轮缩小地图。

键盘:标准输入设备,输入字符及数字,辅助鼠标操作,目前左右箭头键可以翻页,上下箭头键可以上下移动资料层次等。

2. 启动

(1)不带参数启动

系统安装后桌面上有一个 MICAPS 3.1 快捷启动图标,双击启动 MICAPS 3.1,也可以从"开始"→"程序"→"MICAPS 3"快捷方式启动 MICAPS 3.1,或直接运行安装目录下的执行程序 MICAPS.exe。系统主界面如图 3-2-12 所示:

直接在命令行提示窗口中运行安装目录下的执行程序 MICAPS.exe,也可以启动系统。

注意:MICAPS 3.1 启动后将打开 LOG 文件记录主要操作过程,每次启动会生成一个 LOG 文件,这些文件存放在 MICAPS 3 安装目录的子目录 LOG 目录下。

注意:MICAPS 3.1 如果非正常退出或安装文件被部分删除,则下次启动时可能会出现重新安装窗口,系统会试图恢复被改变或删除的文件,如果不希望找回被删除的文件,可以重新生成指向 MICAPS 3.exe 的快捷方式或直接到安装目录运行 MICAPS 3.exe。

问题及解决方案:如果启动时,初始化模块出现错误,请检查出现错误的模块(系统正常初始化的模块名字会显示在启动窗口中),可以在 LOG 文件中查找最后一个初始化的模块名字。

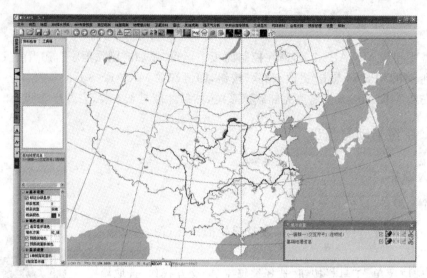

图 3-2-12　按照缺省配置启动的 MICPAS 3.1 系统主窗口

（2）带参数启动

启动 MICAPS 3.1 系统可以通过使用命令行参数的方式实现默认打开文件、自动保存图片并退出系统等功能。

3. 退出系统

（1）正常退出

可以通过"文件"菜单的"退出"菜单项退出系统，也可以使用主窗口右上角的退出按钮退出系统，退出系统时系统不再提示确认。

（2）非正常退出

如果系统运行过程中出现错误，可能出现如图 3-2-13 的窗口，如果需要退出系统，请点击"Quit"退出系统。注意请在退出前点击按钮"Details"，查看错误原因，并记录错误信息和操作过程，将上述信息反馈到系统开发组，提高系统运行的稳定性。也可以点击"Continue"按钮继续运行，但要注意删除引起运行错误的数据图层。

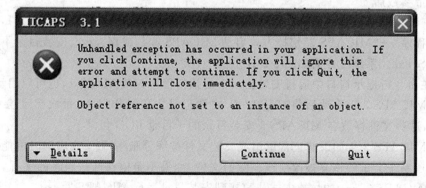

图 3-2-13　系统运行错误

出现系统没有反应,需要强行退出系统时,请使用 Ctrl-Alt-Delete 组和键,调出 Windows 任务管理器(图 3-2-14),找到 MICAPS 3.exe,选择"结束进程"按钮,退出 MICAPS 系统。

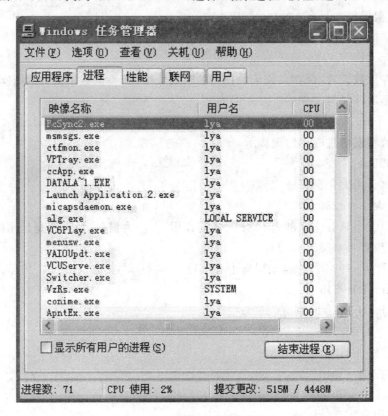

图 3-2-14　Windows 任务管理器

3.2.2.6　系统配置

在系统正确安装并可以正常运行之后,如果需要和本地数据环境连接,需要修改部分模块和综合图中路径设置,也可根据本地业务需要,调整系统菜单和综合图文件,需要对系统进行重新配置,修改系统配置的方式有两种:直接修改和使用系统配置程序完成。

1. 直接修改配置文件

(1)主系统设置

本模块介绍主系统的配置文件,可以直接修改主系统的配置文件或通过图形化窗口修改主要配置,也可以保存多个主系统的配置文件,用于不同用途启动系统。

系统启动默认使用的系统配置文件为 set.ini,默认安装在 C:\MICAPS 3 目录下,可以通过参数启动方式指定启动配置文件。

通过选择菜单"设置"→"系统配置",可启动系统图形化窗口配置程序。其系统"基本设置"包含两部分:常规和监视及路径,点击基本设置左侧的"十"号,展开该条目的目录,选择"常规",右侧出现主配置文件的基本配置,包括首选站点和动画设置(图 3-2-15),选择"监视及路径",右侧出现主程序基本配置的路径和监视运行设置(图 3-2-16)。

主系统配置文件的直接修改方式如下。

系统配置文件为 set.ini,该文件设置系统启动参数,可以用写字板打开该文件编辑,文件主要内容及重要设置项目有:

[Main]

日志保存天数＝1

;日志保存天数设置,保存系统记录日志的时间长度,如果该数字为 0,则启动清空日志目录,小于 0 则不清除任何文件

无提示＝True

;出现一般错误信息时不出现提示

全屏幕＝True

;启动后默认最大化窗口

启动窗口大小＝1280,1024

;启动窗口大小只有全屏幕为 false 时才起作用,大小为窗口大小,不是显示区域大小

启动窗口位置＝－999,－999

;启动位置为－999 时,为自动屏幕中心位置

homeStationID＝54511

homeStationName＝北京

中心经度＝116

中心纬度＝39

显示图层控制＝True

资料检索显示＝True

读入行政边界信息＝false

;默认启动时是否读入行政边界信息,如果不读入该信息,则移动鼠标不会显示所在行政区的名称,启动后可以选择菜单"地图"→"行政区边界"读入该信息,使用第 3 类数据行政区填图和启动预警信号功能模块也会读入该信息

工具条图标大小＝26

;设定工具条图标大小,单位为像素

自动文件列表＝False

自动文件列表目录文件＝autolistdir.txt

监视目录盘符是否替换＝False

监视目录盘符替换＝ZZXX

;该项设置主要用于网络盘盘符不同造成预先写的文件无法适应多种情况,可以通过该设置替换,第一个字符为 Z,目前配置文件中使用的盘符,第二个字母为安装后本机的数据盘符,如果相同,则不替换

显示启动界面＝True

;设置是否显示启动窗口,设置为 false 时,启动后直接弹出主窗口

显示设置窗口＝True

网络资料进度＝True

;是用自动文件列表时,显示文件列表进度

自动最小化左侧属性窗口＝false

属性窗口显示时间＝2000

显示设置窗口自动缩放＝True

四分屏启动＝False

;设置启动后直接四分屏显示

弹出窗口独立显示＝True

;设置弹出窗口显示的显示方式,主要包括地面三线图、$T\log P$图、剖面图等弹出窗口的显示设置

弹出窗口另外屏幕显示＝True

;如果使用双屏时,弹出窗口是否显示到另外屏幕上,如果显示在另外屏幕,则默认最大化弹出窗口

调试信息级别＝1

［GISRegionAndSatViewPath］

地理信息分级路径＝E:\MICAPSmapdata\Ditu

卫星影像路径＝E:\MICAPSmapdata\Sat1

连接网络＝True

［平滑］

smoothMood＝AntiAlias

smoothMood1＝AntiAlias,Default,HighQuality,HighSpeed,Invalid,None

［VideoCard］

IndividualViewCard＝true

注意,此处设置系统显卡类型,如果是计算机带有独立显卡,设置此处值为true,否则设置为false,否则,可能会影响显示正确性。

［预设地图］

地图个数＝4

经纬度显示＝True

［Map4］

project＝北半球极射赤面投影

isize＝3000

jsize＝3000

ltLon＝0

ltLat＝80

rbLon＝210

rbLat＝－80

centerLon＝110

centerLat＝90

HomeZoom＝2

lockMapBorder＝false

……

［动画设置］

时间间隔＝2000

动画方案＝2

说明＝1 文件顺序动画 2 时间一致动画

数据间隔＝60

数据间隔单位为分钟

动画返回天数＝3

动画返回文件数＝24

说明：按时间动画时，能够计算时间的数据按日期数返回循环动画，无法计算时间的数据以及按文件顺序动画时按指定文件数目返回

［综合图检索］

综合图根目录＝C：\MICAPS 3\zht

［图片保存］

图片保存目录＝C：\MICAPS 3\savePic

自动保存文件＝False

；自动保存文件名设置为 false，则保存时提示输入文件名，否则，自动保存在指定目录中

图层信息＝false

版权信息＝中国气象局 MICAPS 3. 1

显示边框＝false

边框类型＝1

；该设置选项设置保存图片的边框模式，为使用方便，可以设置不使用边框

；1 单线

；2 双线，外面粗线，内侧单线

［监视模式］

监视运行＝False

监视文件＝C：\MICAPS 3\monitorlist. txt

MICAPS 3. 1 每次启动会生成一个运行日志文件，存放在安装目录的子目录 Log 下，系统启动时可以检查生成的系统日志文件，为了避免占用过多的系统硬盘存储空间，可以保留指定最近时段的日志文件，使用系统配置文件中的"日志保存天数"设置项目可以设定保留时间长度，如果长度为 0，则删除已经存在的所有 Log 文件。

通过设置"四分屏启动"项目的值为"true"可以在启动时显示四分屏，注意下面的地图个数需要设置为 4。

为了加快网络盘数据检索速度，系统启动后可以监视指定的文件目录，监视的文件目录列表保存在文件 autolistdir. txt 中，缺省安装后该文件中的目录均指向 Z 盘，如果本机虚拟数据盘为其他盘符，则可以修改"监视目录盘符替换"项目，该项目的字符为盘符，第 1、3、5 等为列表文件中的盘符，2、4、6 等为本机数据目录，可以指定多个替换盘符。

地图个数缺省为 4，如果系统内存较小，请减少缺省地图个数，以减少内存使用，加快系统运行速度。

另外可以设置保存图片时是否要输入文件名，如果自动保存为"true"，则保存图片时自动

生成文件名并保存在指定目录下,否则,弹出保存文件对话框,可选择保存目录和输入文件名。

另外一个重要的设置是显卡设置,这里为了加快系统运行速度,没有使用自动判断,而是通过设置文件指定,如果显卡类型指定错误,可能影响显示正确性和系统运行的稳定性。

(2)重要模块的设置

①综合图模块重要配置

综合图模块缺省安装目录为 C:\MICAPS 3\modual\combine,该目录下的配置文件 combine.ini 文件设置综合图中盘符的修改,修改方式与 set.ini 中规则一致。

combine.ini 文件中相关内容:

改变综合图指向文件目录=true

改变目录=ZZYYXX

增加基本目录=D:\data

可以修改增加基本目录,如果综合图中文件目录使用相对路径,则该目录将在打开综合图指定的目录下文件时,自动增加该目录(类似 MICAPS 2.0 中设定顶级数据盘符)。

②功能模块配置文件的修改

功能模块配置文件中一般控制显示的设置无须修改,配置文件中包含资料目录的一般需要修改,以适应本地数据环境,可以直接修改相应模块目录下的 ini 文件或包含文件路径设置的其他配置文件。

2. 启动系统配置程序

在帮助菜单中选择系统配置,运行系统配置,出现图形化配置窗口(图 3-2-15)。

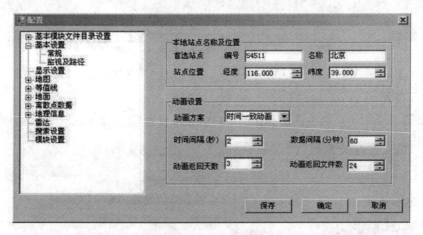

图 3-2-15　系统配置主界面

系统配置主界面包含两部分,左侧为树状选择目录,右侧为当前选择可以配置的选项,最下方为三个功能按钮:"保存"、"确定"、"取消",分别对应保存当前设置、确定保存并退出、退出设置程序但不保存修改结果。

注意:该窗口只能配置主要的一些系统运行参数,各模块的详细配置以及多配置文件同时使用等需要在系统中修改,也可以使用记事本程序直接修改配置文件。

(1)系统基本设置

系统基本设置包含两部分:常规和监视及路径,点击基本设置左侧的"+"号,展开该条目的目录,选择"常规",右侧出现主配置文件的基本配置,包括首选站点和动画设置(图 3-2-15),选择"监视及路径",右侧出现主程序基本配置的路径和监视运行设置(图 3-2-16)。

常规设置中可以设置首选站点,即本地站点,该站点用于调用 $TlogP$ 图、显示地面三线图等需要选择站点时,默认选择的站点。动画设置可以设置文件动画或时间动画方式,可以设置动画时间间隔、动画循环的文件数和时间长度等。

监视设置中可以设置综合图检索目录,该目录下的综合图和数据文件将显示在资料检索窗口中;选中自动保存图片设置,则点击保存图片时将自动保存在指定的路径中,该路径可以通过设置界面修改;自动文件列表指定系统启动时是否自动列表指定目录中列出的文件目录中的文件,启动自动文件列表,可以加快文件动画、前后翻页的文件移动速度,但系统启动速度变慢,如果服务器性能不高,获取文件列表需要时间较长,造成动画速度缓慢,则可以使用该功能。

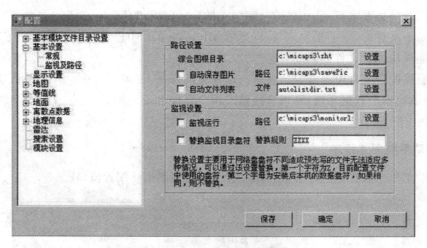

图 3-2-16 基本设置中监视运行和路径设置

(2)显示设置

显示设置主要用于系统主界面和弹出窗口的显示设置(图 3-2-17)。

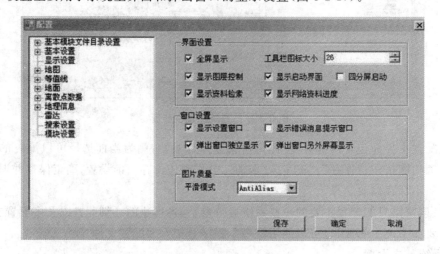

图 3-2-17 显示设置界面

通过该界面可以设置系统启动界面选项,如是否最大化窗口、工具栏图标大小、图层控制窗口是否显示、资料检索窗口是否显示、启动界面是否显示、网络资料进度窗口是否显示(如果选择不自动列表文件,则不会出现网络资料进度窗口)。

通过该设置界面还可以设置窗口显示设置方式和图片平滑模式。在窗口设置中,可以设置是否显示"显示设置"窗口、是否显示错误消息提示窗口,弹出窗口设置中,可以设置弹出窗口是否独立显示,如果窗口独立显示,则弹出窗口可以独立显示,否则,将显示在 MICAPS 主窗口内;设置弹出窗口另外屏幕显示,则系统在启动弹出窗口时,将判断是否具有两个屏幕,如果有双屏显示,则弹出窗口将显示在第二个屏幕上。

注意:因为模块分散开发,部分需要弹出窗口的模块可能没有按要求开发造成部分弹出窗口不能显示到第二个屏幕上,部分弹出窗口很小,一般也不显示在第二个屏幕上。使用第二屏幕显示的一般是用于资料显示的较大窗口。

(3)地图设置

地图设置包括参数设置、投影设置和显示设置三部分。

点击地图左侧的"+"号,可以展开地图设置的选项。

参数设置主要用于系统基本地图的显示设置(图 3-2-18)。

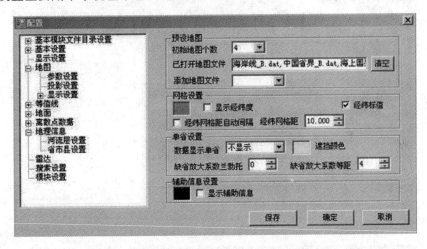

图 3-2-18　地图显示参数设置

可以通过该界面预设地图个数(最大为 4,最小为 1,即系统启动后图层显示窗口内显示的地图个数),默认打开显示的地图文件(可以有多个);是否显示经纬度、经纬度间隔、是否单省显示、遮挡颜色、缺省地县线条显示时最小地图放大系数(兰勃特和等经纬度投影分别设置),以及是否显示辅助信息(地名、线条名称等)。

点击"遮挡颜色"前的颜色框,弹出颜色选择对话框(图 3-2-19),选择颜色后,点击"确定",则设置当前选择的颜色作为单省显示的遮挡颜色。

在颜色选择对话框中,可以直接选择基本颜色,也可以在右侧选择颜色或直接输入各分量值得到颜色。

投影设置(图 3-2-20)设置默认启动的 4 幅地图的投影方式、范围等信息。

显示设置包含三个部分分别设置地图显示的属性,分别为颜色和显示/隐藏(图 3-2-21)、线宽设置(图 3-2-22)和自动分级设置(图 3-2-23),颜色选择方法与遮挡颜色的选择相同。

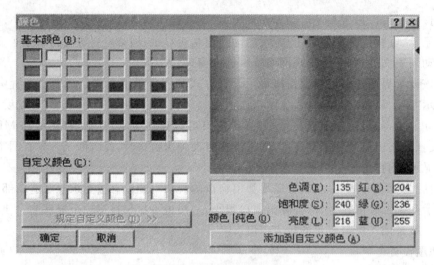

图 3-2-19　颜色选择对话框

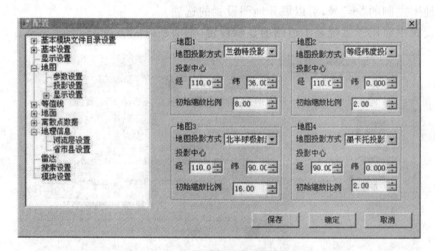

图 3-2-20　地图投影设置

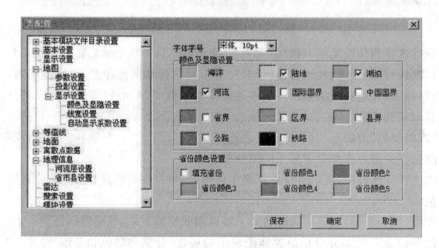

图 3-2-21　地图颜色及显示/隐藏设置

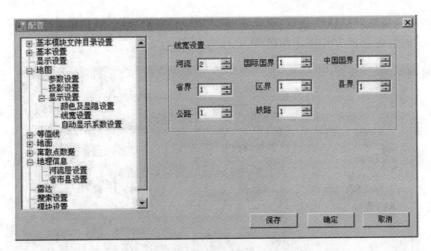

图 3-2-22　地图线宽设置

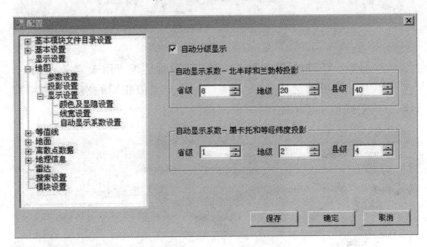

图 3-2-23　地图自动分级设置

　　注意：基本地图设置只能修改基本的地图设置配置文件 basemap.ini,如果只有一个配置文件时,启动四个窗口使用同样的设置(但地图投影可以不一致),如需要以不同的设置启动不同窗口,如打开不同的地图数据文件、使用不同颜色方案等,则可以设置 basemap1.ini、basemap2.ini、basemap3.ini 分别用于第2、3、4 个窗口设置,可以使用图形界面配置程序设置后,复制文件并更改文件名。

　　(4)等值线设置

　　等值线设置包括参数设置、显示设置两部分。

　　点击等值线设置的"＋"号,可以展开等值线设置的选项。

　　显示设置包含颜色、显示隐藏设置、线条颜色设置(图 3-2-24),可以设置多个等值线颜色。

　　线条颜色设置是等值线和交互类使用的颜色序号,打开该类文件时,系统将自动从这些颜色中选择第一个未被使用的颜色,作为当前层等值线的显示颜色,该颜色被标记已经使用,当该层删除时,删除该颜色使用标记。

　　设置等值线颜色时,单击颜色框,弹出颜色选择对话框(图 3-2-19),选择颜色后点击"确定",则当前选择颜色作为一个等值线层颜色。如果需要减少默认颜色数,点击颜色右侧的"删除"按钮,如果需要增加默认颜色数,则点击"增加颜色"按钮,则下面会自动增加一个颜色选择框,按照上面的颜色选择方式选定颜色即可。

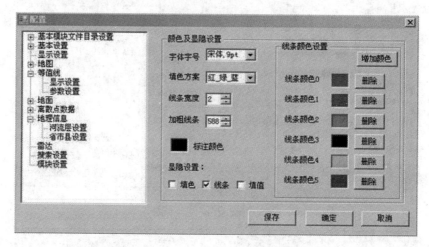

图 3-2-24　等值线显示设置

参数显示设置(图 3-2-25)包括平滑加点个数、填图时是否使用未定义值、小于 0 是否使用虚线等,如果选择填图时使用未定义值,则格点值与未定义值相同的格点不会填写,选择"小于 0 使用虚线",则分析后线值小于 0,绘制时使用虚线绘制。

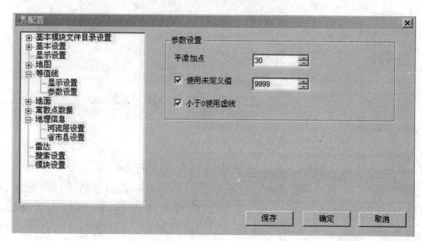

图 3-2-25　参数显示设置

(5)地面设置

该部分设置缺省地面图填图显示状态,包括显示隐藏、颜色、监视等设置。点击地面设置的"+"号,可以展开地面设置的选项,该设置包含显示设置(图 3-2-26)和监视设置(图 3-2-27)两个页面。

显示设置包括各要素的颜色和显示隐藏设置,选中复选框则该要素显示,否则不显示,点击各要素前面的颜色框,弹出颜色选择对话框(图 3-2-19),可以选择该要素显示的颜色;分级显示可以设置自动分级显示,并设置自动分级比例。

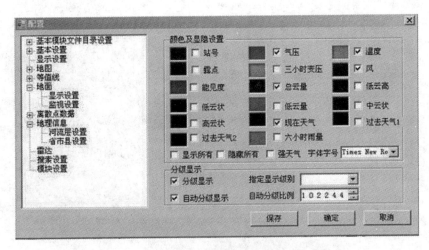

图 3-2-26 地面填图显示设置

监视设置包括监视闪烁显示符号大小,高温监测值、低温监测值、江水监测值和大风监测值,监视数据文件是否自动更新和更新间隔,以及哪些要素需要闪烁显示。

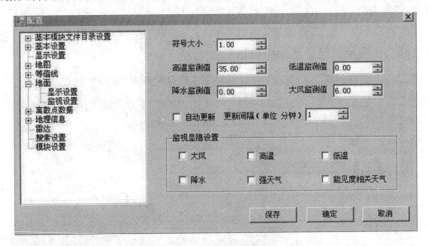

图 3-2-27 地面填图监视设置

(6)离散点设置

离散点设置包括客观分析、填图分级设置、显示隐藏和雨量累加等设置。

点击离散点设置的"+"号,可以展开离散点设置的选项,选择相应的项目,则右侧显示相关的设置。

选择"参数设置"(图 3-2-28),显示离散点基本参数设置,包括等值线分析方案、分析间隔、分析线值、填图站点大小、填图小数位数、显示阈值等。

等值线分析方案有两个选项,选择 BARNES 或 CRESSMAN,则分别使用这两种方法对离散点进行客观分析,得到格点数据后再按照等值线分析设置分析等值线,选择三角网分析,则不客观分析为格点数据,直接使用离散点组成三角网格进行等值线分析。

站点大小是指绘制站点的圆圈大小,可以设置显示大于等于或小于阈值的数据填图,也可以设置填图时小数点后数字的个数。

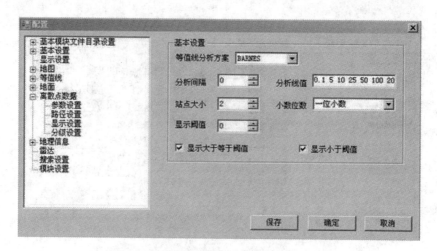

图 3-2-28　离散点数据参数设置

　　路径设置目录用于设置离散点数据累加时使用的数据路径、数据时间间隔等信息,该功能主要用于雨量累加。

　　默认系统设置 1、6、24 小时 3 个数据累加目录,可以通过点击"删除"按钮删除一组设置,也可以点击"增加"增加一组属性设置(图 3-2-29)。每一组包括雨量目录、显示信息和数据时间间隔,显示信息将显示在雨量累加的数据选项中。

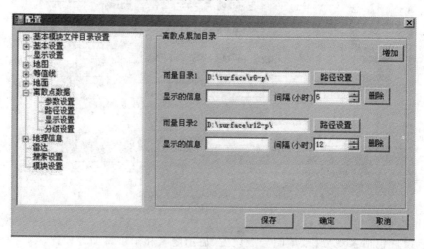

图 3-2-29　离散点累加目录设置

　　显示设置包括线条分析显示、填色显示以及填色显示颜色序列设置等(图 3-2-30)。

　　分级设置可以设置填图时多个级别填图字体、颜色等,分级数可以增加或减少(图 3-2-31)。

　　(7)地理信息设置

　　地理信息设置包括河流和省市县各级绘制属性和显示隐藏等设置,该配置用于组合地理信息的显示设置。

　　点击地理信息设置的"＋"号,可以展开地理信息设置的选项,该类包含河流层设置(图 3-2-32)和省市县设置(图 3-2-33)。

　　设置一级河流显示属性,该设置可能会根据默认配置打开的河流级数调整。

　　设置省、市、县行政边界、标注显示属性。

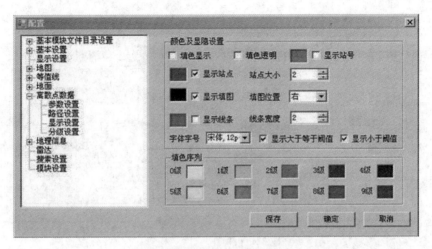

图 3-2-30　离散点显示设置

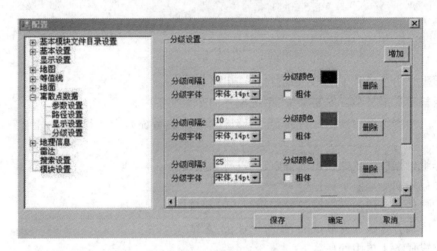

图 3-2-31　离散点分级设置

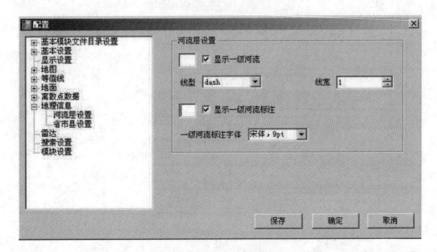

图 3-2-32　河流层设置

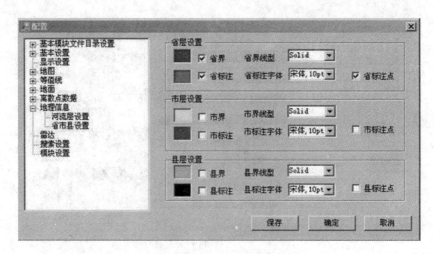

图 3-2-33　省市县设置

3.2.3　任务实施步骤

(1)学生自由组成若干小组,每组自行选出组长。

(2)组长召集组员学习安装系统、系统配置的知识准备内容。

(3)每组根据给出的知识准备内容,能够准确地描述系统的安装程序,并能够熟练的启动与退出。

(4)每组根据所提供的知识准备内容,进行系统配置。

(5)如何使初始地图个数设置为3?

(6)如何使地面填图中只显示气压和三小时变压这两个要素?

(7)老师检查每组的完成情况,并给予评价、总结。

(8)完成任务工单中的任务。

任务 3.3 认识 MICAPS 系统界面及基本的操作

3.3.1 任务概述

通过多媒体演示,使学生熟悉系统的界面;通过上机操作、现场指导等方式,使学生掌握系统的基本操作,包括图层控制、底图的显示与操作;掌握单省显示、流域显示、南海显示、区县名称显示的方法。

3.3.2 知识准备

3.3.2.1 系统界面

按照默认配置启动系统后,系统主界面如图 3-3-1 所示,主窗口包括标题栏、菜单、工具条、资料检索窗口、图层控制窗口、显示区域、状态条和独立的显示设置窗口,其中图层控制窗口包括图组选择、图层选择和显示属性窗口。

图 3-3-1 MICAPS 3.1 主界面

菜单提供系统基本功能、基本资料检索功能,工具条提供动画翻页、打印以及部分功能窗口调出显示,资料检索窗口主要提供综合图资料的检索,图层控制窗口提供图组切换、图层选择和简单的图层控制功能以及图层属性修改,主显示区域提供打开资料的显示,状态栏显示当前地理信息和包含定标信息数据的信息显示,显示设置窗口提供完整的图层控制功能。

3.3.2.2　菜单

1. 系统菜单

缺省安装系统菜单包括 19 项,分别为文件、视图、地图、NWP 降水预报、NWP 形势预报、高空观测、地面观测、物理量诊断、卫星资料、雷达、其他观测、强天气分析、中央台指导预报、三维显示、网络资料、会商支持、预报管理、设置、帮助(图 3-3-2)。

文件 视图 地图 NWP降水预报 NWP形势预报 高空观测 地面观测 物理量诊断 卫星资料 雷达 其他观测 强天气分析 中央台指导预报 三维显示 网络资料 会商支持 预报管理 设置 帮助

图 3-3-2　系统菜单

系统菜单分为两部分,其中前三项,即文件、视图和地图是基本菜单项,用户无法修改,后面 16 个菜单项用户可以修改或取消,其中 NWP 降水预报、NWP 形势预报、高空观测、地面观测、物理量诊断、卫星资料、雷达、其他观测是通过模块 amenu 增加的,可以通过修改该模块下的配置文件修改。

其他菜单项分别由下列模块添加:

网络资料,由功能模块 internetdata 添加。

会商支持,由功能模块 weatherBF 添加。

预报管理,由功能模块 zfcstmange 添加。

设置和帮助,由功能模块 z_help 添加。

注意:

如果不需要某个模块添加的菜单项,可以通过直接删除模块安装目录及目录下的文件实现,删除一个或多个模块不会影响系统的运行。

如果不需要部分由 amenu 模块添加的菜单,可以修改该模块下的配置文件,减少和增加菜单项。

2. 系统基本菜单功能

系统基本菜单包括菜单的前三项,即文件、视图和地图,分别包含以下子菜单项。

(1)文件

文件(图 3-3-3)包含的菜单项如下。

清除:删除已经打开的 MICAPS 数据文件。

新建:包含三个子菜单项,分别为交互符号、城市预报、精细化预报订正,分别建立相应的图层,用于绘制预报符

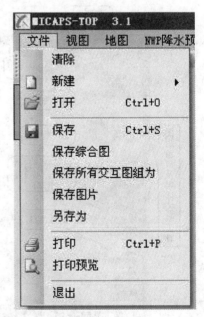

图 3-3-3　文件菜单

号、制作城市预报和订正精细化预报结果。

打开:打开文件,选择该菜单项,出现打开文件对话框(图 3-3-4),用户可以选择指定文件名后系统将打开该文件(必须是符合系统要求的文件格式)。

图 3-3-4 "打开"文件对话框

保存:保存交互预报结果,保存为 MICAPS 第 14 类格式数据。

保存综合图:保存当前打开的文件为一个综合图,即 MICAPS 第 14 类格式数据。

保存图片:保存当前屏幕显示区域为图片,可以保存为 PNG、GIF、JPG 或 BMP 格式,保存方式可以为自动保存,自动生成文件名,保存在系统指定的目录中,只保存 PNG 格式图片,如果不使用自动保存,则需要选择文件路径,输入文件名,可选择保存文件格式。

保存矢量图:保存为 EMF 格式矢量图,保存为全部绘图范围,不截取屏幕显示部分。

另存为:另外保存交互结果,可以使用不同的文件名保存。

打印:直接在打印机上打印当前显示区域,由于长宽比不同,打印范围可能和屏幕显示有所不同。

打印预览:可以在屏幕上预览打印结果,可能会和实际输出有所不同。

退出:退出系统。退出系统时,不再提示确认。

(2)视图

视图(图 3-3-5)包括如下几个方面。

图层管理:显示或隐藏图层管理窗口。

显示设置:重新显示设置窗口。

显示设置自动缩放:设置显示设置窗口大小是否随打开图层的多少自动缩放,如果该菜单项设置为自动缩放(菜单项前有 ✓),则打开文件较多,显示设置窗口会自动扩大以显示各图层的说明,删除图层后,窗口自动缩小。

图 3-3-5 视图菜单

107

显示属性:设置在左侧窗口中是否显示属性,如果不显示属性窗口,则资料检索窗口自动扩大,检索资料更为方便,这时无法通过属性窗口修改属性。

显示图层控制窗口:设置图层管理和资料检索窗口的显示和隐藏,菜单项前有 ✓,则图层管理和资料检索窗口隐藏,只保留窗口名称,点击窗口名称,则再次显示。

动画设置:设置动画方式并可启动动画,选择该菜单项,将弹出动画设置窗口(图3-3-6)。

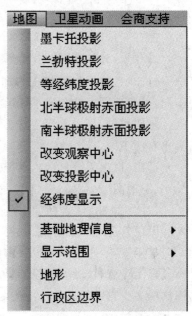

图 3-3-6 动画设置

动画设置窗口包括动画方式、动画间隔、动画返回文件数、动画返回天数等设置,可以选择动画方式为按时间或按文件动画,时间动画时文件时间自动同步,文件动画时按照文件名顺序一次显示;动画间隔可以设置动画显示时每幅图显示的时间,单位为毫秒;动画返回文件数为动画到最后一个文件后,向前自动返回的文件个数,使用文件动画时,所有文件向前返回此处指定的文件数,如果按时间同步动画,则无法从文件名获取时间的文件按此处设置的文件个数返回;动画返回天数:按时间动画时,如果可以从文件名返回日期和时间,则该图层数据返回的天数按照此处的设置返回。

手写板模式:交互绘制线条方式,选择该项后,可以使用手写板模式绘制(可以使用鼠标模拟手写板的操作,也可以直接使用手写板)。

显示图例:在图形显示窗口显示图例(初次显示图例之前应先设置,注意图例位置可移动和图例中的标题可以分行移动)。

图例设置:设置当前显示的图例。图例用于制作服务图形文件使用,因此,只能显示一个数据的图例,使用该功能时,只能显示一个第3类或第14类数据。颜色和标题由相应数据图层设置,用户可以修改已经显示出的图例。

(3)地图

地图(图3-3-7)包含以下菜单项。

墨卡托投影:将当前显示图组的投影方式改为墨卡托投影。

兰勃特投影:将当前显示图组的投影方式改为兰勃特

地图	卫星动画	会商支持

墨卡托投影

兰勃特投影

等经纬度投影

北半球极射赤面投影

南半球极射赤面投影

改变观察中心

改变投影中心

✓ 经纬度显示

基础地理信息　　　　▶

显示范围　　　　　　▶

地形

行政区边界

图 3-3-7 地图菜单

投影。

等经纬度投影：将当前显示图组的投影方式改为等经纬度投影。

北半球极射赤面投影：将当前显示图组的投影方式改为北半球极射赤面投影。

南半球极射赤面投影：将当前显示图组的投影方式改为南半球极射赤面投影。

改变观察中心：弹出输入对话框，输入新的经纬度，将作为观察中心（图形显示窗口的中心）位置。

改变投影中心：弹出输入对话框，输入新的经纬度位置，作为新的投影中心。

经纬度显示：是否显示经纬线。

基础地理信息：包含地区行政边界、县行政边界、中国地形和一、二、三、四、五级河流，可以通过选择相应的菜单项，直接显示指定的地理信息（图 3-3-8）。

显示范围：包含北半球、欧亚和中国、美国四个区域，可以直接设置屏幕显示范围为指定区域（图 3-3-9），由于屏幕分辨率不同，设置的范围可能会有所不同。

地形：显示分级地形，根据当前地图放大比例，最高可以显示 100 m 分辨率的地形高度。

行政区边界：该菜单项可以读入安装在 C：\MICAPS 3\basicGeoInfo 目录下的文件 coun-tyregion. txt，该文件为全国县的封闭边界，读入该文件后，移动鼠标可以在状态栏显示鼠标所在位置所在县的名字。默认不读入该文件，也可以修改系统配置文件，在启动系统时自动读入该文件。

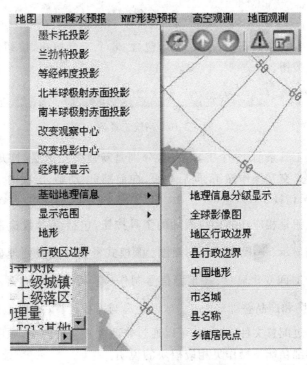

图 3-3-8 基础地理信息菜单

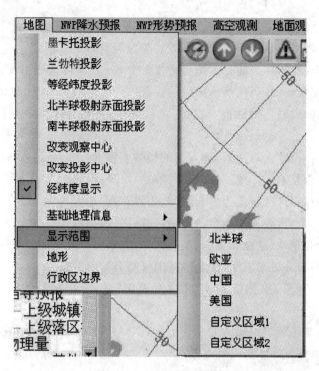

图 3-3-9　显示范围菜单

3.3.2.3　工具条

缺省安装的系统工具条如图 3-3-10 所示,包含 28 个工具按钮,按钮分为两类:基本工具按钮和模块扩展工具按钮。

图 3-3-10　系统工具条

基本工具按钮为工具条前 13 个工具按钮,分别是新建交互图层、打开文件、保存图片、打印、返回初始地图状态、交互操作撤销、向后翻页、向前翻页、动画、层次向上、层次向下、监视运行、单屏和四分屏显示切换。

模块扩展工具按钮是相应功能模块添加的工具按钮,包括 参数检索、 雨量累加、会商组件、 WS 报显示、 模式产品剖面图、 模式资料对比及处理显示、 模式资料集合、 模式单点资料时间变化显示、 预警信号制作、 历史资料检索、 文本编辑、 云图动画、 AWX 云图和产品叠加动画、 球面距离与面积计算、 邮票图。

扩展工具栏是通过配置文件实现的,可以通过修改配置文件增减,顺序也可以改变。

扩展工具按钮详细功能与操作见相应模块的说明。

1. 基本工具按钮功能

① 新建:新建一个交互符号图层。

②🗁打开：弹出打开文件对话框，用户可以通过该对话框选择文件，系统将打开该文件显示。

③💾保存图片：保存当前显示区域的图像，根据系统设置不同，可以自动生成文件名并保存在指定目录下，或者弹出保存文件对话框，用户选择保存目录和输入文件名。

④🖨打印：弹出打印对话框，打印当前显示区域图像。

⑤🏠初始地图状态：返回当前显示图组地图到初始设置状态。

⑥撤销交互操作撤销：撤销交互操作。

⑦◀向后翻页：文件向后翻页（时间向更早移动或显示字符排序靠前的文件）。

⑧▶向前翻页：文件向前翻页（时间向前，即显示时间更新的文件或显示字符排序靠后的文件）。

⑨🔄动画：按下该按钮，启动动画，系统自动向前翻页，再次按下该按钮，终止动画，如果在动画过程中更换图组，则自动终止动画过程。

⑩⬆层次向上翻页：向上移动层次，如果当前打开的文件上一级目录包含多个子目录，则显示层次排序更小的目录下文件名相同的文件。目录排序规则为：如果目录名字为整数，则按照数字大小排序，如果包含非整数子目录名，按照字符串排序方式确定顺序。

⑪⬇层次向下翻页：向下移动层次，如果当前打开的文件上一级目录包含多个子目录，则显示层次排序更大的目录下文件名相同的文件。

⑫⚠监视运行：按下该按钮，系统自动打开设置的监视运行数据列表文件，自动显示指定的数据并循环显示，直到再次按下该按钮，结束监视运行。

⑬🔲单窗口与四分屏切换：在单窗口与四分屏显示状态之间切换，如果当前系统只有一个图组，则无法正常显示四分屏。

2. 图组窗口和字体控制工具条

主界面左侧有一个检索和属性窗口和字体控制工具条（图 3-3-11）。

第一个按钮◀控制检索和属性窗口的关闭和打开，在该窗口关闭的情况下，点击该按钮，该窗口会打开，反之，则关闭该窗口。

其他 7 个按钮及一个文本显示框（图 3-3-11），功能分别如下：

第二个按钮显示第一个图组窗口。

第三个按钮显示第二个图组窗口，如果系统启动时设置的地图个数大于 1 个，则该按钮可以起作用。

第四个按钮显示第三个图组窗口，如果系统启动时设置的地图个数大于 2 个，则该按钮可以起作用。

第五个按钮显示第四个图组窗口，如果系统启动时设置的地图个数大于 3 个，则该按钮可以起作用。

第六个按钮填图字体颜色，点击该按钮，出现颜色选择框，可以选择当前系统填图使用文字的颜色，该设置仅对第 3 类数据有效，其他数据填图

图 3-3-11　主窗口左侧工具条

时使用默认字体颜色。

第七个按钮填图字体增大,点击该按钮,增大系统填图字体,目前该功能对地面填图、高空填图和第3类数据填图起作用,字体最大设置为120,地面填图时因为要协调各种符号的大小,设定了五个级别,不能再增大。

第八个按钮填图字体减小,点击该按钮,减小系统填图字体,目前该功能对地面填图、高空填图和第3类数据起作用,系统最小字体设置为6。

第九个按钮当前填图字体大小,该文本框显示当前系统填图使用字体的大小,也可以直接修改数值来改变填图字体大小,该文本框的颜色为当前系统默认使用字体的颜色(或修改后的字体颜色,仅对第3类数据有效)。

说明:系统填图默认本图层设置的字体颜色和大小,如果点击字体增大或减小按钮,则上述3类数据使用全局字体大小(第3类数据还使用颜色)填图,在图层内修改填图字体后,该图层不再使用全局字体填图。

3.3.2.4 状态栏

系统状态栏位于主显示区域的下方(图3-3-12),包含三个区域,第一个区域显示当前鼠标的经纬度位置,如果鼠标在中国区域内,则第二个区域显示当前鼠标位置所在县级行政区名称,在中国区域外,则显示鼠标在图片上的位置和当前地图放大比例,第三个区域一般不显示信息,显示云图或雷达等数据时,如果包含定标信息,则显示当前鼠标位置的定标信息,该区域是开放给模块显示的区域,扩展开发模块可以定义在此位置显示的信息。

109.65 10.88 鼠标在图上的位置 X=2002/ Y=1585 地图放大系数:7.76579 亮温为250.5K

图 3-3-12　状态栏显示

3.3.2.5 图层控制

图层显示、隐藏、删除等控制有两种方式:①通过显示设置窗口控制;②通过图组切换下面的图层选择窗口控制。

1. 通过显示设置窗口控制

显示设置窗口是独立于主窗口的一个顶层窗口(图3-3-13),显示设置窗口显示当前图组中显示的所有图层的说明,可以通过该窗口设置指定图层的显示、隐藏、动画、删除等操作。

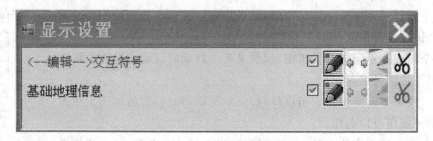

图 3-3-13　显示设置窗口

每打开一个文件,如果读取和显示文件正常,则会在该窗口增加一条记录,显示该图层的说明,并包含四个图标,可以针对该层进行操作。

在显示设置窗口中,每个图层包含说明、显示或隐藏、动画、查看和删除按钮,在图层说明上点击鼠标左键,选中该图层,属性窗口中显示该图层属性,如果是可编辑图层(MICAPS第4、8、14类数据和精细化指导预报产品),则该图层自动进入编辑状态,单击右键取消编辑状态,处于编辑状态的图层不能清除和动画翻页,但可以通过点击删除按钮删除。通过右键选择图层不会自动进入编辑状态。

点击显示/隐藏按钮,可以设置图层的显示和隐藏状态。点击属性按钮,弹出该层的属性编辑窗口,如果该层不存在属性编辑窗口,则该按钮不可用,显示为灰色。当有地面观测数据(第1类数据)、高空观测数据(第2类数据)、离散点数据(第3类数据)、等值线(第4类数据、第14类数据)及基础地理信息等图层时,点击属性按钮就可弹出快捷方式的属性设置对话框,很方便地进行数据显示属性的设置和修改。如图3-3-14所示。

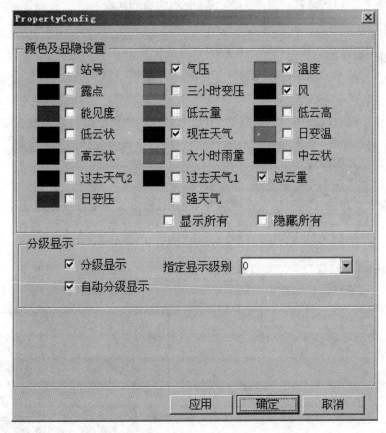

图 3-3-14 地面观测数据显示属性对话框

在图层翻页按钮上点击鼠标左键,则该图层时间向后移动,显示资料目录中上一时间的资料,点击右键时间向前,显示资料目录中下一时刻的资料。

点击查看按钮,使用写字板打开该图层对应的数据文件。

点击删除按钮,删除该图层。

显示设置窗口关闭后,可以通过选择"视图"菜单的"显示设置"菜单项重新显示。

2. 通过图层选择窗口控制

图层选择是指图层管理窗口中图组选择下面的窗口,该窗口显示当前打开的所有文件的说明(图 3-3-15)。

每打开一个文件,如果读取和显示文件正常,则会在该窗口增加一条记录,可以通过在该说明文字上单击或双击鼠标左或右键完成对该图层的一些操作。

在指定图层说明上双击鼠标左键显示或隐藏该图层,双击右键删除该图层,如果是可编辑图层(MICAPS 第 4、8、14 类数据和精细化指导预报产品),选择该层后自动进入编辑

图 3-3-15　图层选择窗口

状态,在该图层说明上点击右键取消编辑状态,图层说明前面自动增加"<编辑>",处于编辑状态的图层不能清除和动画翻页,但可以通过双击右键删除。图层选择窗口下面的属性设置窗口显示当前选择层的属性。

3. 图层属性设置

(1)通过图层属性窗口修改

图层属性设置时显示在图层选择窗口下方的一个窗口,该窗口中显示当前选择图层所有可以设置的属性。

每类资料显示时在设置窗口内选择一个图层后,该图层的属性设置会显示在该窗口内,且大部分属性(非只读属性,只读属性行显示为灰色)可以修改,输入合法值后,该图层的指定属性被修改并立即更新图形显示。

可设置的主要属性主要有字符串、浮点数、整数、打开文件、颜色、布尔型和枚举型数据七种,前三种可以直接在属性项的输入框中输入字符串;点击打开文件属性则会在右侧显示一个按钮(图 3-3-16),点击该按钮,打开文件选择窗口,选择文件后,设置相应属性;颜色属性可以通过直接输入 R、G、B 颜色设置,也可以通过颜色选择框选择(图 3-3-17);布尔型数据只可以取两个值:true 和 false,现在使用复选框选择(图 3-3-18),点击复选框,框中显示"√",则说明该项选择为 true,否则,该项选择为 false;枚举型属性可以在多个值之间选择,可以通过下拉框

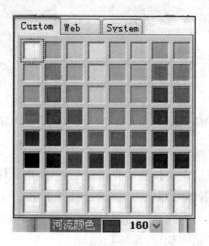

图 3-3-16　颜色属性选择窗口　　　　图 3-3-17　颜色属性选择窗口

选择(图 3-3-19)。在此窗口修改的属性一般都是临时的,没有保存到系统设置或模块设置中去,随着系统重新启动或数据重新调入后就会不起作用了,但大部分的属性设置窗口内有"保存设置"选项,点击该项就可保存修改的属性设置了。

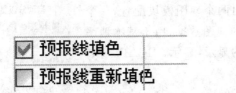

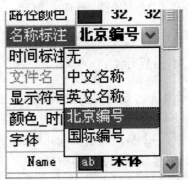

图 3-3-18 布尔型属性设置　　　图 3-3-19 枚举型属性选择窗口

另外,还可以通过属性窗口设置一些特殊的属性,如打开显示窗口和地面三线图、地面要素显示设置、$TlogP$ 图、剖面图等。

(2)通过弹出窗口修改显示属性

显示设置窗口中图层说明的第二个按钮为属性弹出窗口,如果该按钮为灰色,则说明该图层没有可以弹出的窗口,否则,点击该按钮,可以弹出针对当前图层的属性设置修改窗口。

3.3.2.6 底图的显示与操作

1. 底图的初始显示

当进入 MICAPS 3.1 系统后,系统将根据初始设置自动显示底图。底图包括海陆廓线、中国国界、黄河、长江及经纬线等。4 个显示页可以有不同的初始设置。因此进入每个显示页都可能显示不同的底图。

选择主菜单中的"地图"下的各子菜单,可以设置各显示页的投影方式、投影中心经纬度、显示范围等。

在底图的属性设置窗口中,可以对底图进行设置。如隐现经纬度、国界、省界,设置线宽、颜色,以及陆地、海洋颜色等。

点击工具条上的初始地图状态 🏠 按钮,可将当前底图恢复到初始设置状态显示。

2. 底图的放大、缩小、漫游

双击鼠标左键放大;双击鼠标右键缩小。

拉窗放大:在窗口某处按住鼠标右键,拖动鼠标到某处,抬起鼠标右键,此时鼠标移动构成的矩形范围内的图形将被放大到整个窗口。

漫游:在窗口某处按住鼠标左键(或中键),拖动鼠标到某处,抬起鼠标左键,此时图形将向鼠标移动的方向漫游。在使用多分屏时,点击工具条上鼠标联动 按钮,其他图组内的图像也会按照当前激活图组的图像漫游方式一样一同漫游。

滚轮放大和缩小地图：使用鼠标滚轮可以放大和缩小地图，滚轮向下缩小地图，每向下滚动一格相当于在该处双击鼠标右键一次，向上滚动滚轮，可以放大地图，每向上滚动一格相当于在该处双击鼠标左键一次。

3.3.2.7 地图显示

在主界面图形显示窗口内显示的地图由两个地图模块配置，一个是基本地图（basemap），显示系统指定格式的地图数据，用于基本地图的显示和操作；一个是用户地图（usermap）的显示，显示 MICAPS 第 9 类地图数据（不包含投影后数据的显示）。

基本地图显示：该模块安装在 C:\MICAPS 3\modual\basemap 目录下，提供基本地图的显示，使用的数据格式为扩展的 MICAPS 第 9 类格式。

默认地图包括海岸线、中国国界、中国省界、中国地区行政边界及长江、黄河和中国主要湖泊边界。

图 3-3-20 基本地图
属性设置

基本地图的属性设置（图 3-3-20），可以设置各类数据颜色、线宽和显示/隐藏属性，也可以设置单省显示或使用指定多边形裁剪当前显示地图。

单省显示：基本地图属性设置中，可以选择显示全国、单个省份或指定多边形内的图形（图 3-3-21），选择方式是在单省显示选择栏内点击鼠标左键，然后在右侧向下箭头上单击鼠标左键，出现下拉选择框，选择单

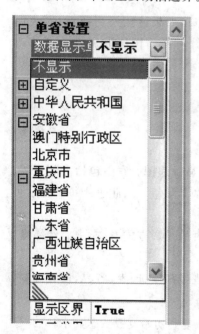

图 3-3-21 单省设置选择

个省份后，可以显示指定省份行政边界内的图形（图 3-3-22），选择不显示，则不使用裁剪功能，选择自定义，则需要在"区域选择文件"中选择自定义的裁剪多边形文件，该文件的格式使用基本地图文件的数据格式。

流域显示：系统提供了七大江河流域的数据，在属性选择中可以选择显示，也可以以指定的江河流域裁剪地图，和使用单省显示的裁剪类似。

图例和南海诸岛显示：基本地图属性设置中，可以设置是否显示南海诸岛（图 3-3-23）和图例显示。选择显示南海诸岛，则默认显示在左下角位置南海诸岛图片，在制作中国区显示时需要单独在图上再显示该区域；图例显示当前图形的颜色图例，由于该区域范围有限，目前只显示预报线填充图例和第 3 类数据分析闭合线条填色图例，图例可以选择和编辑。

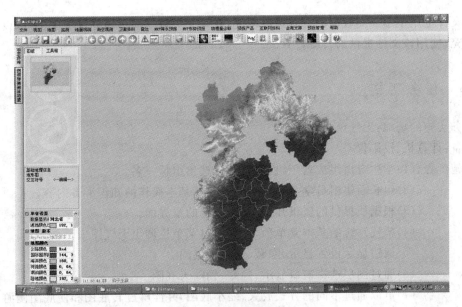

图 3-3-22 单省地图显示

区县名称显示：可以在属性中选择显示地区和县名称显示，该数据使用的是安装目录下 stations. dat 的数据，可以通过修改该文件修改默认显示的站点名称。部分县可能没有数据，无法显示，可以通过修改该文件修改默认显示的站点名称，如在输出预报服务图形时只保留与预报责任区有关的站点信息，其所显示的字体还可通过字体控制工具条上的按钮进行调整。

使用方案：可用将常用配置保存为一个该模块的基本配置文件（ini 文件），在属性中使用"选择方案"选择该文件，一次修改多个属性。

图 3-3-23 南海诸岛显示

3.3.2.8 地形高度显示

选择"地图"菜单的子菜单项"地形"，可以显示地形高度数据，目前系统中提供北半球 6 km分辨率的地形高度，并支持东北半球的 2 km、1 km、500 m 和 100 m 多种分辨率的地形高度数据，系统根据显示放大比例自动设置显示，由于数据量太大，系统安装后仅少数地区包含 100 m 分辨率的地形高度数据。

该模块安装在 MICAPS 安装目录\modual\reliefmap 目录下，地形高度数据在 relief 子目录下，可以根据需要增加或删除该目录下的数据文件。

3.3.2.9 状态栏地名显示

默认情况下，在中国国内移动鼠标将在状态栏显示当前鼠标所在县的名称，该信息是通过安装在 C:\MICAPS 3\basicGeoInfo 目录下的文件 countyregion. txt 内，可以通过修改该文件修改显示的名称，也可使用本地数据替换该数据，该数据格式简单，包括文件头说明，每个闭合区域的数据点数和名称，以及闭合区域各点的经纬度值。

该文件也用于第 3 类数据的行政边界填充,在第 3 类数据显示属性设置中,可以设置行政边界填充,使用该文件提供的行政边界。

3.3.3　任务实施

任务实施的场地:天气预报实训室

设备:计算机、投影仪

实施步骤:(1)学生自由组成若干组,每组自行选出组长一名。

(2)组长召集组员学习系统主界面及其基本操作的知识准备内容。

(3)根据所提供的资讯知识,描述系统的主界面。

(4)描述系统的基本菜单项,能够通过菜单栏调出天气图来。

(5)通过显示设置显示、隐藏、删除天气图。

(6)通过图层选择窗口显示、隐藏、删除天气图。

(7)可以通过不同的方式放大、缩小底图,并能够旋转底图和使底图漫游。

(8)检查每组的学习结果,老师给予评价。

(9)完成任务工单中的任务。

学习情境 4

天气过程综合分析

任务 4.1 长波计算和分析

4.1.1 任务概述

制作 50°N 平均高度廓线图,用平均高度廓线图辨认大气长波;应用地转风公式来求平均纬向风速 $\bar{u}$ 值。计算长波的波长及静止波长,判断长波的移动规律。

4.1.2 知识准备

4.1.2.1 大气长波

西风带波动按其波长可分为三类,即超长波、长波和短波。大气长波是波长(相邻两槽线或脊线之间的距离)在 3000~10000 km 的波动,相当于 50~120 个经距。整个北半球全纬圈约为 3~7 个长波。大气长波的振幅(波峰到波谷距离的一半)约为 10~20 纬距。移速较慢,平均在 10 个经距/日以下,有时呈准静止状态,甚至会向西倒退。长波槽脊的维持时间一般约为 3~5 天。大气长波从对流层的中下层到平流层的低层均可见到,是行星锋区中的一种长波的扰动。而且温度槽脊常常落后于高度槽脊,有时两者重合出现冷槽暖脊的水平结构,因此长波的强度在对流层中是随高度增加的。一般说来,长波槽前对应着大范围的辐合上升运动和云雨天气区,槽后脊前对应着大范围辐散下沉运动和晴朗天气区。长波变化常导致一般天气系统及天气过程发生明显变化。

短波的波长和振幅均较小,移动快,平均移速为 10~20 经度/日,生命史也短,多数仅出现在对流层的中下部,往往叠加在长波之上。

在每日的天气图上,长波和短波同时存在,相互叠加,还可以互相转化。有时是几个短波槽脊一起叠加在一个长波上,并随之东移。由于两者的移速不同,当两者的槽脊位相相同时,长波振幅往往得到加强,而当两者的槽脊位相相反时,则相互抵消而使长波波幅减小,甚至消失,而常常把长波掩盖。因此当短波活动较多时,长波就不易辨认。在实际工作中,通常采取制作时间平均图或空间平均图方法来识别大气长波,通过绘制平均高度廓线图,来辨认长波连续演变。

大气长波的移动具有一定的规律。由于实际大气中的波形是复杂的,因此将大气长波分解成为各种不同尺度波长的正弦波形式。在假设大气运动是正压和无辐散的情况下,根据绝对涡度守恒原理,可以求得长波波速。长波波速公式为

$$C = \bar{u} - \beta \left(\frac{L}{2\pi} \right)^2 \qquad (4\text{-}1\text{-}1)$$

式中 C 为波速;$\bar{u}$ 表示平均纬向风速,西风 $\bar{u} > 0$,东风 $\bar{u} < 0$;$\beta = \dfrac{\partial f}{\partial y}$,其中 $f = 2\Omega \sin\varphi$ 为地转参

数，β 随纬度的增加而减小；L 为波长。

现对波速公式进行讨论：

①$\bar{u}$、L 对波的移动速度 C 起着决定性的作用。西风强时，波动移动较快，反之，移动较慢；波长短时，移动较快，反之较慢，即短波移动快，长波移动慢。

②重叠在基本西风气流上的一切长波，其传播速度都小于纬向风速。当波长较短时，其传播速度小于 $\bar{u}$，若波长较长，则 C 和 $\bar{u}$ 之差较大。

③临界纬向风速：当 $\bar{u}=\bar{u}_c=\beta\left(\dfrac{L}{2\pi}\right)^2$ 时，$C=0$，即波静止，$\bar{u}>\bar{u}_c$ 时，波前进；$\bar{u}<\bar{u}_c$ 时，波后退。$\bar{u}_c$ 称为临界纬向风速。表 4-1-1 是根据公式（4-1-1）计算得到的在不同纬度、不同波长情况下临界纬向风速值。实际应用时，可以根据实际纬向风速的大小，来判别波动是静止还是前进或后退。

表 4-1-1　临界纬向风速 $\bar{u}_c$

$\bar{u}_c$(m/s)　波长(km)　纬度	2000	4000	6000	8000	10000
60°	1.2	4.8	10.8	19.2	30.0
50°	1.6	6.2	14.0	25.0	39.0
40°	1.8	7.2	16.2	28.8	45.0
30°	2.0	8.2	18.4	32.6	51.0

④临界波长：当 $L=L_s=\sqrt{\dfrac{4\pi^2\bar{u}}{\beta}}=2\pi\sqrt{\dfrac{\bar{u}}{\beta}}$ 时，$C=0$，即波静止；$L>L_s$ 为后退波，$L<L_s$ 为前进波。静止波波长 L_s 是波前进或后退的临界波长。L_s 是 $\bar{u}$ 和 β 的函数，在固定的纬度带上，β 为常数，静止波波长随西风增强而增大。表 4-1-2 是用上式在不同西风强度和不同纬度的情况下计算所得到静止波的波长 L_s 值。

表 4-1-2　静止波波长 L_s 与西风风速和纬度的关系

$\bar{u}$(m/s)　波长 L_s(km)　纬度	4	8	12	16	20
60°	3700	5300	6400	7400	8300
45°	3100	4400	5400	6200	7000
30°	2800	4000	4900	5600	6300

⑤西风的垂直变化对波动的移动影响：对波动作用的因子除了 $\bar{u}$、L 和 β 外，还有其他因子。因此波速公式的应用一般只用在 600 hPa 等压面上为最好。因这层近于无辐散层，与公式条件比较符合。因实际工作中不分析 600 hPa 等压面，故常用 500 hPa 等压面进行计算。

⑥地形和南北风速强度对波动移动的影响：由于地形作用或南北部西风强度不同，南北部波长不同，波动各部分的移动情况可有很大不同。

4.1.2.2　平均高度廓线图的制作

1. 原理

纬向平均高度廓线实际上是高度随经度变化的曲线，而高度数值是沿纬圈读取，通常不是只取某个纬圈,而是取相邻两个纬圈的高度平均值,所以它代表某个纬带内平均长波情况。然后,将连续几天的纬向平均高度,顺序点绘在一张图上,并将长波槽脊系统连成一条线,表示出他们随时间移动的情况。

2. 操作方法(资料见表 4-1-3)

①纬带的选择:为了表示西风带槽脊活动情况,我们在 500 hPa 图上选择了 $35°\sim65°N,30°\sim160°E$ 区域来表达长波移动、演变情况。

②读数:沿所取纬度带的纬圈,每隔 10 个经度读取一个高度值(内插读数),资料见表 4-1-3。

③目的:为了平滑掉短波槽脊,显示出长波移动情况,我们采用了四点法,网格取法见图 4-1-1,其中 l 为步长,取 10 个经纬度,求平均位势高度的公式为

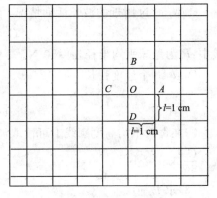

图 4-1-1　四点法求算平均位势高度示意图

$$\overline{H} = \frac{1}{4}\sum_{n=1}^{4}H_n$$

即中心点的高度值为周围四个点的高度值和的平均。

例如,求 $40°E,55°N$ 这点平均高度值,则

$$\overline{H} = \frac{1}{4}(513 + 519 + 557 + 527) = 529(\text{dagpm})$$

以此类推。

上面例子中所用的数据是根据 500 hPa 天气实况图,用内插法读取的。在具体实践中,可根据所提供的 500 hPa 天气图来读取,此处为举例。

④将 $45°\sim55°N$ 纬带上求得的平均高度值,按同一经度,再来一次数学平均值,得出沿 $50°N$ 纬度附近长波活动情况。

例如,11 月 9 日,$40°E,55°N$ 处平均高度为 527 dagpm,$40°E,45°N$ 处平均高度为 549 dagpm(此处所用的 $45°N$ 和 $55°N$ 处的平均位势高度,是用上面的四点平均计算结果),则

$$H = \frac{527 + 549}{2} = 538(\text{dagpm})$$

用此法求出沿 $50°N$ 纬圈上从 $40°\sim150°E$ 的平均高度数值,然后将得到的 $50°N$ 纬圈上的各平均高度值点在以纵坐标为 $50°N$ 平均高度值,横坐标为 $40°\sim150°E$(每隔 10 个经度点一个纬度上的高度值)的坐标纸上,从 11 月 7—15 日,可绘制出一组曲线,每根曲线表示了每天沿 $50°N$ 平均高度分布廓线,参考高空图,从逐日廓线上定出逐日长波槽脊连续演变位置(平均高度计算结果可参见表 4-1-3,也可以用其他的 500 hPa 图自己计算,并列表)。

注意,坐标间距选取,应考虑以下两点:

①横坐标不要取得太大,否则波谷、波峰不清楚;

②两个时刻之间的纵坐标的滑动间距要取得适当,滑动距离以两条曲线不相交为宜。

4.1.2.3　判别长波是前进或是后退

(1)求 u 值

用等压面地转风公式求 u 值:

$$\bar{u} = \frac{9.8}{f}\frac{\Delta H}{\Delta n}$$

式中:f 为地转参数,纬度为 $50°N$,$\Delta n = 65° - 35° = 30$ 个纬距,ΔH(gpm)可以用每天 500 hPa 上 $35°N$ 纬圈上平均高度值减去 $65°N$ 纬圈上平均高度值得出其逐日值(资料见表 4-1-3)。

(2)求 L 值

①取 $50°N$ 附近的波长活动情况,须求出 $50°N$ 处地球周长

$$C' = 2\pi r = 2\pi R\cos\varphi$$

式中:R 为地球平均半径,$\varphi = 50°N$。

②取 10 个经度弧长

$$\frac{C'}{360} \times 10 = \frac{C'}{36}(\text{km})$$

③在每天平均高度廓线上可读取波长(经度数以 10 个经度为单位)n 个,则 $L = n$ 个经度数 $\times \dfrac{C'}{36}(\text{km})$

(3)求 L_s 值

$$L_s = 2\pi\sqrt{\frac{u}{\beta}}, \beta = \frac{2\Omega\sin\varphi}{R}$$

比较 L 与 L_s,判别其前进或后退。

将逐日 L、$\bar{u}$、$\bar{u}_c$、L_s 和 C 等参数计算结果列在表中,并判断长波的移动情况。

表 4-1-3　500 hPa 平均高度场资料(纬向平均高度廓线;单位:dagpm)

日期		40°E	50°E	60°E	70°E	80°E	90°E
7 日	55°N	529	532	531.75	531	534	536.75
	45°N	552.25	557.5	560.75	561.25	559	560.25
	$\sum H$	1081.25	1089.5	1092.5	1092.25	1093	1097
	$\bar{H}$	540.625	544.75	546.25	546.25	546.5	548.5

日期		100°E	110°E	120°E	130°E	140°E	150°E
7 日	55°N	539.5	541.25	538.5	532.75	529.75	528
	45°N	563	560.5	554.5	549.75	540.25	543
	$\sum H$	1102.5	1101.75	1093	1082.5	1070	1071
	$\bar{H}$	551.25	550.875	546.5	541.25	535	535.5

日期		40°E	50°E	60°E	70°E	80°E	90°E
8 日	55°N	526.75	529.5	536.75	539.5	541.5	538.25
	45°N	547.5	554	561.75	567	564.75	562.5
	$\sum H$	1074.25	1083.5	1098.5	1106.5	1106.25	1100.75
	$\bar{H}$	537.125	541.75	549.25	553.25	553.125	550.375

日期		100°E	110°E	120°E	130°E	140°E	150°E
8 日	55°N	537.25	538.5	537.25	530.5	528	523.5
	45°N	561.5	557.5	555	551.25	543.75	542.25
	$\sum H$	1090.75	1096	1092.25	1081.75	1071.75	1065.75
	$\bar{H}$	549.375	548	546.125	540.875	535.875	532.875

续表

日期		40°E	50°E	60°E	70°E	80°E	90°E
9 日	55°N	527	524.25	525.25	533.75	541.25	544.25
	45°N	549	547.25	552	556.5	565.5	566.75
	$\sum H$	1076	1071.5	1077.25	1090.25	1106.75	1111
	$\bar{H}$	538	535.75	538.625	545.125	553.375	555.5

日期		100°E	110°E	120°E	130°E	140°E	150°E
9 日	55°N	539.5	531	528.5	529	526	522.5
	45°N	559.25	552.75	548.5	548.25	548.25	545.5
	$\sum H$	1098.75	1083.75	1077	1077.25	1074.25	1068.25
	$\bar{H}$	549.375	541.875	538.5	538.625	537.125	534.125

日期		40°E	50°E	60°E	70°E	80°E	90°E
10 日	55°N	532.25	530	528.25	528	531.75	535.25
	45°N	552	553	552.25	554.25	557	561.75
	$\sum H$	1084.25	1083	1080.5	1082.25	1086	1097
	$\bar{H}$	542.125	541.5	540.25	541.125	544.375	548.5

日期		100°E	110°E	120°E	130°E	140°E	150°E
10 日	55°N	537.25	535.5	525.75	522.5	523.75	525.75
	45°N	562.75	553.25	543.75	538.75	544.25	548.5
	$\sum H$	1100	1088.75	1069.5	1061.25	1068	1074.25
	$\bar{H}$	550	544.375	534.75	530.625	534	537.125
11 日	55°N	533.75	536.75	536.5	533.25	531.25	531.25
	45°N	552	555.5	556	558	556.5	554.25
	$\sum H$	1087.75	1092.25	1092.5	1091.25	1087.75	1085.5
	$\bar{H}$	542.875	546.125	546.25	545.625	543.875	542.75

日期		100°E	110°E	120°E	130°E	140°E	150°E
11 日	55°N	528.25	529.25	527.75	521.75	521.5	529.25
	45°N	555.25	554.25	546.75	539.25	538.75	546.25
	$\sum H$	1083.5	1083.5	1074.5	1061	1060.25	1075.5
	$\bar{H}$	541.75	541.75	537.25	530.5	530.125	537.75

日期		40°E	50°E	60°E	70°E	80°E	90°E
12 日	55°N	525.25	536.75	545	548.5	542.25	543.75
	45°N	552.5	557.25	560	562.25	562	556.25
	$\sum H$	1077.75	1094	1105	1110.75	1104.25	1091
	$\bar{H}$	538.825	547	552.5	555.325	552.125	545.5

日期		100°E	110°E	120°E	130°E	140°E	150°E
12 日	55°N	528.5	521.5	516	516.25	512.75	513.25
	45°N	548.25	548	551.25	548.5	540.25	520.5
	$\sum H$	1076.75	1069.5	1067.25	1064.75	1053	1033.75
	$\bar{H}$	538.375	534.75	533.625	532.375	526.5	516.875

续表

日期		40°E	50°E	60°E	70°E	80°E	90°E
13 日	55°N	537	528.5	532.25	543.25	552.5	546
	45°N	555	546.5	555.75	564.25	568.25	557.5
	$\sum H$	1092	1075	1088	1107.75	1120.75	1103.5
	$\overline{H}$	546	537.5	544	553.875	560.375	551.75

日期		100°E	110°E	120°E	130°E	140°E	150°E
13 日	55°N	533	524.25	513.5	509.25	508	511
	45°N	550.75	535.5	531.25	540.5	550.75	545.25
	$\sum H$	1083.75	1059.75	1044.75	1049.75	1058.75	1056.25
	$\overline{H}$	541.875	529.825	522.125	524.825	529.375	528.125

日期		40°E	50°E	60°E	70°E	80°E	90°E
14 日	55°N	548.5	546	533.25	527.5	543.5	552
	45°N	570.5	563.25	551.25	555.25	566.25	566.25
	$\sum H$	1119	1109.5	1084.5	1082.75	1109.75	1118.25
	$\overline{H}$	559.5	554.625	542.25	541.375	554.825	559.125

日期		100°E	110°E	120°E	130°E	140°E	150°E
14 日	55°N	538	538.25	521.25	507	500.5	511.25
	45°N	548	548.25	531.75	520.5	532.75	553
	$\sum H$	1086	1086.5	1053	1027	1033	1064.25
	$\overline{H}$	543	543.25	526.5	513.75	516.625	532.125
15 日	55°N	557	545.25	534.5	530.5	534.25	532
	45°N	570.25	573.5	569.25	560.5	559.25	562.75
	$\sum H$	1127.25	1118.75	1103.75	1091	1093	1094.75
	$\overline{H}$	563.625	559.375	551.825	545.5	546.75	547.375

日期		100°E	110°E	120°E	130°E	140°E	150°E
15 日	55°N	541	540.5	542.5	507.25	500.5	504.25
	45°N	559	556	542.75	523.25	516.25	520.75
	$\sum H$	1100	1096.5	1067.25	1030.5	1016.75	1025
	$\overline{H}$	550	548.25	533.625	515.25	508.375	512.5

4.1.3 任务实施步骤

(1)学生分组,每组 4 人,每组发历史天气图一本,布置任务,在教师的指导下学生学习相关知识准备内容。

(2)根据教师布置的任务,组内成员集中看图,每组选择一次长波的演变过程(7~10 天),将 500 hPa 的高度场资料填写在任务工单的表格中,绘制平均高度廓线图,分析本时段大气长波的演变规律。

(3)计算波长、临界波长、平均纬向风速和临界纬向风速,计算长波的移动速度,并判断长波是前进还是后退的。

(4)撰写分析报告。每组选派一到两人,在班级内公开演讲,各组之间进行交流会商。

(5)完成任务工单中的任务。

任务 4.2 寒潮天气过程分析

4.2.1 任务概述

本任务主要是完整地分析一次寒潮天气过程,在寒潮的中期过程中首先分析大型环流形势的调整、极涡位置的异常等。在寒潮短中期天气过程中主要分析冷空气的酝酿、阻高的建立、槽脊的发展及移动、地面冷性高压的变化等。在寒潮的短期过程中主要分析寒潮暴发的主要征兆和暴发后的天气状况。具体分析 500 hPa 影响槽、地面寒潮冷锋及冷高压中心活动情况。概述寒潮天气过程概况、过程特点和寒潮南下的预报着眼点。制作冷空气活动情况动态图。撰写天气过程分析报告,应具有较好的语言文字组织能力,在班级内部进行会商演讲。

4.2.2 知识准备

4.2.2.1 寒潮概述

寒潮天气过程是一种大规模的强冷空气活动过程。中央气象台规定的寒潮标准是:在强冷空气的影响下,我国单站过程降温 10℃ 以上,温度负距平绝对值大于等于 5℃。而且最低温度下降到 5℃ 以下,并伴有 5 级以上大风,称为一次寒潮天气过程。寒潮天气的主要特点是:剧烈降温和大风,有时还伴有雨、雪、雨凇或霜冻。

影响我国的冷空气源地有三个:第一个是在新地岛以西的洋面上,冷空气经巴伦支海、苏联欧洲地区进入我国。它出现的次数最多,达到寒潮强度的也最多。第二个是在新地岛以东的洋面上,冷空气大多数经喀拉海、太梅尔半岛、苏联地区进入我国。它的出现次数虽少,但是气温低,可达到寒潮强度。第三个是在冰岛以南的洋面上,冷空气经苏联欧洲南部或地中海、黑海、里海进入我国。它出现的次数较多,但是温度不是很低,一般达不到寒潮强度,但如果与其他源地的冷空气汇合后也可达到寒潮强度(见图 4-2-1)。

以上三个源地的冷空气,是中央气象台对 1970—1973 年 1—4 月和 10—12 月资料的统计结果。从中可以看出,其中 95% 的冷空气都要经过西伯利亚中部(70°—90°E,43°—65°N)地区并在那里积累加强。这个地区就称为寒潮关键区(图 4-2-1 阴影区)。冷空气从关键区入侵我国有四条路径:

①西北路(中路):冷空气从关键区经蒙古到达我国河套附近南下,直达长江中下游及江南地区。

②东路:冷空气从关键区经蒙古到我国华北北部,在冷空气主力继续东移的同时,低空的冷空气折向西南,经渤海侵入华北,再从黄河下游向南可达两湖盆地。

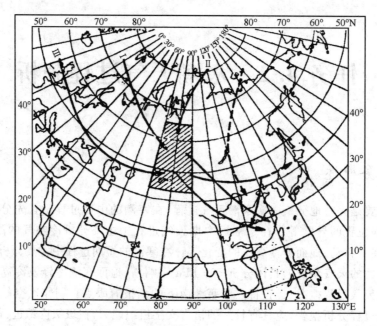

图 4-2-1　寒潮的关键区及冷空气路径

Ⅰ. 西北路径, Ⅱ. 超极地路径, Ⅲ. 西方路径

　　③西路:冷空气从关键区经新疆、青海、西藏高原东南侧南下。对我国西北、西南及江南各地区影响较大,但降温幅度不大,不过当南支锋区波动与北支锋区波动同位相而叠加时,亦可以造成明显的降温。

　　④东路加西路:东路冷空气从河套下游南下,西路冷空气从青海东南下,两股冷空气常在黄土高原东侧,黄河、长江之间汇合,汇合时造成大范围的雨雪天气,接着两股冷空气合并南下,出现大风和明显降温。

4.2.2.2　寒潮天气系统活动特点

　　影响我国的冷空气最终都可追溯到北冰洋及其附近地区。这里在冬季极夜期间强烈辐射冷却形成了大规模极寒冷的空气团,它在地面图上表现为很浅薄的冷高压,冬季这个浅薄的高压与西伯利亚和加拿大的冷高压联成一个统一的系统。但在 700 hPa 高度上已经变为低压。到了 500 hPa 高度变为一个绕极区的气旋式涡旋,称为极涡。故人们常把极涡作为大规模极寒冷空气的象征。但在地面图上则主要表现为冷高压和冷锋。下面主要讨论寒潮天气过程中地面和高空图上活动的主要天气系统。

　　1. 极涡

　　根据冬半年 500 hPa 平均环流形势,极涡在冬半年有两个中心:一个在亚洲北部新地岛以东的喀拉海、太梅尔半岛并向中西伯利亚伸展,另一个则伸向北美洲的加拿大东部。西半球的频数比东半球多。极涡活动平均持续天数超过 5 天,则北美—大西洋和亚洲区活动最频繁且稳定,尤其在亚洲地区更为稳定,最长的活动过程达 35 天。

　　2. 极地高压

　　天气实践分析表明,导致极涡分裂呈偶极型。常常是由中、高纬度的阻塞高压进入极地并维持所致，而当极地高压向南衰退与西风带上发展的长波脊叠加时，我国将有寒潮天气过程暴发。

极地高压的定义是 500 hPa 图上有完整的反气旋环流。能分析出不少于一根闭合等高线；有相当范围的单独的暖中心与位势高度场配合；暖性高压主体在 70°N 以北；高压维持在 3 天以上。

极地高压是一个深厚的暖性高压，极地高压是中高纬度的阻塞高压进入极地而形成，所以它建立的过程与中、高纬阻塞形势的建立过程很类似。极地高压的衰退，主要集中在新地岛。

3. 寒潮地面高压

寒潮全过程中，冷空气在地面图上主要表现为地面冷性高压。冷高压的前沿伴随冷锋，冷高压的活动路径代表冷空气的路径，冷高压的强度用中心气压值表示，当冷高压中心气压越高，控制范围越大，则表明冷空气越强。

4. 寒潮冷锋

在寒潮地面高压的前缘都有一条强度较强的冷锋作为寒潮的前锋，冷锋随高度向冷空气一侧倾斜，在高空等压面上对应有很强的锋区，锋区结构上宽下窄在 300 hPa 及以下各等压面上均有明显的冷槽和锋区。冷锋的移动方向与寒潮地面高压的路径有密切关系；与锋前的气压系统和地形也有关；与引导冷空气南下寒潮冷锋后垂直于锋的高空气流分量有关。这种气流常称为引导气流，引导气流的经向度又取决于与冷空气活动有关的高空槽，常称为引导槽和该槽后的脊。引导槽后的脊发展，引导槽加深，锋后气流经向度加大，有利于寒潮冷锋南下。

4.2.2.3　寒潮天气过程环流形势

寒潮是大范围的强冷空气在一定环流形势下向南暴发的现象，是一种大型天气过程。常见的寒潮天气形势有三种基本类型，即小槽发展型、低槽东移型和横槽型。

1. 小槽发展型

小槽发展型亦称为脊前不稳定小槽东移发展型或经向型，这类寒潮是由不稳定短波槽发展，引起强冷空气暴发而造成的。通常高空不稳定小槽最初出现在格陵兰以东洋面上，小槽是否发展，是不是不稳定，从高度场上分析并不十分明显，但是在温度场上却较明显，表现为一个从极地伸向北欧的冷舌，且冷舌落后于高度槽约 1/4 波长。槽线上有冷平流，等高线也稍有疏散，即槽线上有正涡度平流，有利于小槽发展。在小槽两边的小脊，也是暖舌落后于脊，脊线附近的等高线也呈疏散状，脊线上有暖平流和负涡度平流也有利于脊发展，脊发展加强使小槽后的偏北风加大，在冷舌落后于小槽的条件下，偏北风加大意味着冷平流加强，将促使小槽发展。小槽后的脊在东移过程中也获得发展。脊前的西北气流加强，冷平流也大大加强。

小槽发展过程实质是通过不稳定的小槽小脊发展，把从大西洋到东西伯利亚的大倒 Ω 流型演变为东亚倒 Ω 流型的过程，这个过程约 5～6 天。预报中要注意，当大 Ω 流型出现之后，要注意分析小脊小槽的温压场结构是否能获发展，有时小脊的发展比小槽更显著，所以也有预报员把这种演变过程称为里海中亚长脊—脊前不稳定小槽发展。该类寒潮的强冷空气取西北—东南路径侵袭我国。

2. 低槽东移(西来槽)型

这类寒潮天气过程的特点是:欧亚大陆基本气流为纬向气流,在纬向的基本气流中槽、脊自西向东移动稍有发展,脊槽的振幅比较大。此类寒潮冷空气通常来自冰岛以南洋面,途经欧洲南部、地中海、里海、巴尔喀什湖进入我国新疆或蒙古取西路或西北路影响我国。伴随-40℃冷中心,长途跋涉到达我国,但由于气团变性,冷空气强度较弱,有时难以达到寒潮强度,然而在以下三种情况下亦可能达到寒潮强度。

①低槽东移过程,有新鲜冷空气或贝加尔湖北部残留的冷空气合并使冷空气强度加强。

②低槽东移到乌拉尔山以东时,从黑海到里海有明显的暖平流,在暖平流作用下里海附近高压脊向北发展,脊前西北气流加强,促使新鲜冷空气从新地岛加速南下与原低槽中的冷空气合并,地面高压也加强。

③此型寒潮发生,大多数与地面气旋的发展有关,蒙古气旋、东北气旋强烈发展又向东北移去,有利于冷空气主力向东偏北移去。黄河气旋及江淮气旋发展将导致冷空气南下而暴发寒潮。

3. 横槽型

东压倒 Ω 流型建立时,极涡向西南伸出一个东—西走向槽,槽前后是偏北风(340°~20°)与偏西风(300°~250°)的切变。极涡中的冷中心为-44℃,温度平流不明显。冷空气向南暴发的过程主要有以下三种不同情况。

①横槽转竖:亚洲东部为一横槽,乌拉尔山或以东及贝加尔湖地区为东北—西南向的长波脊,经常有一个阻塞高压,当脊后有暖平流北上时,暖平流促使高压脊继续加强或阻塞稳定维持,脊前的偏北风也随之加强,不断引导冷空气在贝加尔湖附近的横槽内聚积,汇成一股极寒冷的冷空气。当长波脊或阻塞高压的后部转变为冷平流与正涡度平流时,长波脊或阻塞高压就开始减弱。这种天气过程冷空气活动的特点:冷空气开始可能取超极地路径,先在贝加尔湖地区聚积,再向南迅猛暴发。500 hPa乌拉尔山以东的高压做不连续后退(或长波脊不连续后退),或阻塞高压崩溃,横槽转竖,冷空气就一泻千里,快者则一天横扫全中国,非常迅速且猛烈,预报这类寒潮的关键是预报横槽何时转竖。横槽转竖前常有以下几点特征:

温压场结构方面。如果横槽的温压场配置使槽线或槽后有冷平流或无平流,则横槽稳定。如果冷舌或冷中心超前于横槽,负变高也移到槽前,横槽后面转为暖平流并有明显正变高,变高梯度指向东南或南,则横槽转竖或南压。

风场转变方面。如横槽后面的东北风逆转为北风或西北风,横槽将转竖,偏西北风愈大对横槽转竖或南压愈有利。

阻塞高压是否崩溃或不连续后退方面。如阻塞高压崩溃则横槽转竖或南压;在阻塞高压不连续后退的过程中,横槽也会转竖或南压。

长波调整方面。如上下游的长波调整可使横槽转竖或南压。

②低层变形场作用:当东亚出现倒 Ω 流型后,极涡被乌拉尔山高压脊和鄂霍次克海暖高压所挟持并缓慢南压到贝加尔湖地区,极涡的南边锋区位于45°N附近,且比较平直,在平直的西风带中不断有小波动东传,小波动快速东传时引导小股冷空气南下,使锋区南压,造成持续时间比较长的降温,但每日降温幅度小,与横槽转竖型截然不同。但是,如果北支槽与南支槽或高原槽同位相叠加,低空变形场有锋生,也会使冷空气加速向南暴发,形成寒潮。

低层变形场新生引起寒潮的主要原因:南支长波槽前的暖脊构成上暖的条件,且槽的振幅较大,槽后偏北气流带下冷空气不断补充到低空较薄的冷空气层中去,使冷空气可以深入南方,造成大范围持久低温天气;东西两股冷空气合并加强,构成下冷的条件。同时使得冷空气势力加强。低空变形场中锋生,加速了冷空气南下。

此类寒潮天气过程的主要特点:500 hPa中纬度环流平直,一个个低槽向东移动时就往北收缩,消失于日本海北部的锋区入口区中,并没有引导冷空气南下的低槽发展起来。中纬度锋区在40°N附近。其中低槽一个个东移,并引导小股冷空气南下,在低空变形场中锋生,而且东西两路冷空气汇合锋生,在低层加速南下。

③横槽旋转南下:500 hPa上为东亚倒Ω流型,极地高压沿西伯利亚北部不断西移经太梅尔半岛南下,将极涡推至贝加尔湖附近,极涡向西伸出一个横槽,但横槽只是绕极涡中心旋转,使得冷空气只影响我国北方,当有南支槽接应时,则会影响我国南方。极涡西侧的长波脊稳定维持,极涡向西伸出的横槽在长波脊前绕低压中心(或两个低压中心的连线)旋转。新槽(或西边的低压)南下,旧槽(或东边的低压)北缩。所以一般旋转低槽带下来的冷空气只能影响我国北方,而只有在南支槽或高原槽接应情况下,才能造成全国性寒潮天气。

4.2.2.4 寒潮的强冷空气堆积预报

侵袭我国的寒潮,不论其冷空气来自何方,一般都在西西伯利亚至蒙古一带积累加强,所以强冷空气在西伯利亚、蒙古堆积是寒潮暴发的必要条件。一般根据各层天气图上冷中心(或冷舌)及地面图上冷高压的配合情况,可以判断有无强冷空气堆积。一般高空图有冷舌或冷中心:500 hPa图上有−48℃以下的冷中心,在春秋季节有时为−40℃冷中心,700 hPa图上有−36℃的冷舌或冷中心。地面图有较强的冷高压,高压周围又有很大的气压梯度。这就说明已有强冷空气堆积了。但是,有时冷空气堆开始阶段表现并不明显,但以后可能发展为强冷空气堆。要预报初始时表现为弱小的冷空气以后是否会堆积成为强冷空气,可以从下述四个方面着手:

①与冷舌相配合的小槽是否属于不稳定小槽。即温度场是否落后于高度场,槽后是否有较强的冷平流。

②冷空气在东移过程中有无来自不同方向的新冷空气补充或合并加强。

③高空的极涡是否分裂南下到亚洲北部。

④冷舌中,有无产生绝热上升冷却的环流条件。

当小槽有较大发展、有新鲜冷空气补充、极涡分裂南下和有上升绝热冷却时,即可预报可能堆积成为强冷空气。

4.2.2.5 寒潮强冷空气的暴发预报

在源地堆积的强冷空气,不一定能向我国暴发成为寒潮,它可以小股冷空气扩散南下,也可以主体从蒙古以北东移。一般只有在下列情况下才能暴发寒潮,即①符合寒潮环流形势;②东亚大槽有可能重建;③南支槽与北支槽叠加;④地面气旋发展。

三类寒潮天气过程的预报着眼点如下。

(1)小槽发展型预报着眼点

①小槽本身的温压场结构:即温度场的冷舌是否落后于小槽,槽线上是否有较强的冷平

流。如有,则小槽为不稳定小槽,以后会获得明显的发展加强。

②上游脊是否发展:在小槽上游的小脊是否也有明显的暖舌落后于脊线,脊线上是否有较强的暖平流。如有,则小脊也为不稳定脊,也能获得明显的发展和加强。

③南支波动的位置:与寒潮冷空气相伴的小槽,一般是北支波动上的低槽,当北支低槽在东移过程中,若有南支波动同位相叠加,则将使槽加深。根据我国预报员经验,南支西风若在青藏高原至孟加拉湾为一个高压脊,东南沿海为一南支低槽,则有利于寒潮向南暴发并造成大风和降温天气。

④上下游效应:当东亚大槽减弱东移,预示着上游有低槽加深东移,取代原来减弱东移的大槽。

(2)低槽东移型预报着眼点

①低槽西北侧是否有小槽移近,若低槽在东移过程中,其西北方向有快速移动的小槽移近,则环流的经向度加大,则低槽在东移过程中将发展成为东亚大槽,槽后西北气流加强,引导冷空气南下形成寒潮。

②有无新鲜冷空气补充并入,低槽在东移过程中,后部快速移动的小槽携带的冷空气和贝加尔湖地区残留的冷空气都有可能并入低槽,使低槽冷空气加强而获得暴发寒潮。

③槽后脊在里海、黑海和乌拉尔山能否发展:若槽后的脊在里海、黑海获得发展,则经向环流增强,脊前西北气流增强,能够从较高纬度输送冷空气南下,补充到低槽中,使低槽获得发展增强,则寒潮可能暴发。

(3)横槽转竖型预报着眼点

这类寒潮暴发的关键是阻高和其前部横槽的形成,以及阻高崩溃引起横槽转竖。乌拉尔山高压脊的发展,是由于欧洲低槽发展引起的,槽前暖平流自高压后部进入高压脊北部,促使高压脊向东北方向发展;有时北冰洋暖高压与乌拉尔山高压脊合并加强,于是建立起"东北—西南"向的阻高,而在阻高的前部形成宽广的大横槽。当欧洲大西洋沿岸新生的阻高前部有冷平流侵入乌拉尔山阻塞高压后部,或上游有减弱的低槽东移,则正涡度平流侵入阻塞高压后部时,都会使阻高崩溃东移;当暖平流或负涡度平流进入横槽内,冷平流侵入横槽前部。而槽后出现暖平流时,横槽转竖。预报横槽转竖的着眼点有四点,具体可参见横槽转竖前的特征。

(4)预报寒潮暴发的其他经验

①高低空配合:多数寒潮暴发与北半球长波调整相联系,所以寒潮暴发预报主要应抓500 hPa等压面上环流形势的预报。但是有时仅仅着眼于500 hPa环流形势预报也会使预报失败或预报时效过短。例如1969年1月26日至31日的一次危害较大的寒潮天气过程中,500 hPa的环流形势一直是较平直的西风并多小波动,并没有明显的低槽发展东移,而仅是短波槽东移时低空出现变形场的锋生,并有冷空气在低空变形场后部的偏北气流引导下加速南下。又例如1972年3月25日至31日的寒潮天气过程中,在横槽转竖之前,寒潮南下的征兆在850 hPa图上就比500 hPa图上明显,堆积在贝加尔湖附近的冷空气,沿着850 hPa图上的高压前部偏北气流大规模向南移动,锋面也向南压。

②在贝加尔湖的锢囚气旋填塞之后,如果在蒙古有气旋发展,但不久又趋于减弱,而如在东海或日本海又有气旋强烈发展起来,这就成为寒潮迅速南侵的预兆。

③东北低压或江淮气旋的发展有利于冷空气加强南下。但要注意低压发展的地理位置和它的发展阶段。只有在我国东北境内发展的低压才能促使冷空气南下。但是东北低压若过分

发展或路径偏于黑龙江北部,则东北低压的发展还可能引导冷空气主力向东,反而不利于它的南侵。如果气旋在蒙古已经充分发展,移入东北地区将变为衰老气旋,这对冷空气南下也不起引导作用。

④西北地区及长江流域一带,如果地面有倒槽强烈发展,往往是冷空气侵入这些地方的前兆。江南地区出现大幅度的气温正距平回暖效应,是南方寒潮的前兆。

⑤700 hPa图上有西南涡东移,并引起了江淮气旋发生且有所发展时,北方也将有冷空气南侵,而且影响长江以南地区,这常是春季寒潮的征兆。

4.2.2.6　寒潮的强度和路径预报

寒潮暴发南下时将具有的强度及将影响的地区(包括南下时所取的路径),是寒潮预报的重要内容。

1. 寒潮强度的含义

实际工作中常从以下三个方面来说明寒潮的强度:

①地面图上冷高压的强度。它包括冷高压的中心数值高低、范围大小及等压线密集的程度,但以中心数值高低为主。

②高空图上冷中心的数值;高空锋区强度;冷区范围和冷平流强度。

③地面图上冷锋强度(温度水平梯度大小);冷锋后降温程度;冷锋后变压中心强度;锋面附近其他气象要素和天气现象也可以间接说明寒潮强度,如锋后偏北风愈强,一般则意味寒潮愈强。

2. 寒潮路径的含义

寒潮路径一般是以地面图上冷高压中心、高空图上冷中心(如改为厚度中心,则更好些)、地面图上冷锋、冷锋后24小时正变压、负变温的移动路径等来表示。日常工作中经常使用的是地面冷高压、24小时正变压和高空24小时负变温这三项中心的移动路径。

所以寒潮强度与路径的预报,实质上是地面图上寒潮冷高压的强度与移动预报;高空图上引导寒潮南下的槽的强度与移动预报;寒潮冷锋的强度与移动的预报。

3. 寒潮冷高压强度与移动预报

(1)作冷高压强度与移动的动态图

把连续几张天气图上寒潮冷高压中心的位置点在一张天气图上,并标上日期与强度。按时间顺序把各冷高压中心用线连起来,即为动态图。根据动态图用外推法可大致确定未来冷高压中心的强度与位置。但应用外推法时,必须周密分析情况,多方考虑,防止盲目外推。

(2)应用引导气流规则

冷高压移动方向与地面高压中心上空500 hPa或700 hPa气流方向较为一致,移动速度与该高度上的风速也成一定的比例。一般而言,地面系统中心移速为500 hPa地转风速的0.5～0.7倍,为700 hPa地转风速的0.8～1.0倍,在风速小时系数较大,而在风速大时系数较小。此外,还应注意引导气流规则用于浅薄系统,则效果较好,而当地面系统逐渐加深后,使用的效果就较差。

(3)变压的应用(3 小时和 24 小时变压)

实际工作中常常用过去 3 小时以来或过去 24 小时以来气压变化的趋势来外推未来短时间内冷高压的移动与强度变化。

①从两个不同方向移来的地面正变压中心(ΔP_{24})合并时,冷高压将显著增强。此外,地面 24 小时正变压($+\Delta P_{24}$)常常向着 24 小时前的负变压中心移动,所以现在的负变压中心,往往会变成未来冷空气主力将侵袭的地方。

②根据中央气象台的统计,当 24 小时变压正负中心之差达到 40~50 hPa 时则可能有达到寒潮强度的冷空气活动。

(4)涡度平流与热成风涡度平流的应用

在地面冷高压上空若 500 hPa 等压面上有负涡度平流,并有负热成风涡度平流出现,则这种形势有利于冷高压发展。当寒潮冷空气处于堆积阶段时,若地面和高空温压场配置是地面冷高压处于高空槽后脊前,同时高空暖舌又落后于高空高压脊,而地面冷高压也处于暖舌和冷舌之间,则高压容易发展。而当冷高压南下变性,温压场结构趋向对称时,则地面高压上空的涡度平流和热成风涡度平流均为零,这时高压强度变与否,就取决于热力因子、地面摩擦和地形影响。

(5)非绝热因素

冷气团南下时非绝热作用使它变性增暖,地面减压,故将使冷高压减弱。冬季当地面冷高压从冷大陆移到暖洋面时,强度迅速减弱。相反,夏季冷高压从较暖大陆移冷海时高压加强。

4.2.3　任务实施步骤

(1)学生分组,每组 4 到 5 人,每组发寒潮教学图例两套,底图一张,布置任务。

(2)在教师的指导下学生学习相关知识准备内容。

(3)根据教师布置的任务,每组分析一次天气过程,组内成员集中看图,集体讨论分析。

(4)结合所学知识,在地面图上重点分析寒潮冷高压的强度(中心气压值、等压线的密集程度)变化、移动路径,寒潮冷锋的移动路径。

(5)在高空 500 hPa 图上重点分析环流形势的演变、长波的调整、阻高的建立与崩溃,东亚大槽的重建、冷中心的强度和范围以及移动路径。

(6)绘制地面冷高压和锋面、高空槽、24 h 变温和变压中心发展演变动态图。分析寒潮天气主要影响系统的演变。

(7)根据分析结果,撰写分析报告。

(8)每组选派一到两人,在班级内公开演讲,各组之间进行交流会商。

(9)完成任务工单中的任务。

任务 4.3　大型降水天气过程分析

4.3.1　任务概述

大型降水过程是指范围广大的降水过程,包括连续性或阵性的大范围雨雪及夏季暴雨,本任务主要是完整地分析一次大型降水天气过程,包括 100 hPa、500 hPa 环流形势、影响系统,700、850 hPa 影响系统和水汽条件,地面图上锋面及气旋的活动情况等。用雷达回波和卫星资料分析主要的降水性云系的特征。同时用 MICAPS 资料来分析降水的物理量场和垂直速度。通过常规天气资料、卫星资料和雷达资料,全面掌握大范围降水天气过程的分析方法、影响系统、诊断方法。进一步了解我国雨带随季节的变化规律和各地的雨季特征。

4.3.2　知识准备

4.3.2.1　我国各地降水气候概况

大型降水主要是指范围广大的降水,降水区可达天气尺度大小,包括连续性和阵性的大范围雨雪及夏季暴雨,持续时间在 3～5 天以上,也称为连阴雨天气。通常是在大范围天气形势稳定和水汽来源充沛的情况下,产生降水的天气系统在某一地区停滞或重复出现所造成的。我国的连阴雨天气主要发生在西太平洋副热带高压脊北侧和暖湿空气与西风带的冷空气相交绥的地带,因此,我国东部连阴雨天气较多,而在西北内陆地区和青藏高原北部则很少出现。通常把一个地区降水相对集中的时期,称为雨季,在这时期内的降水量占年降水量的大部分,我国的雨季都在夏季。而把一次降水过程中,降水量相对集中的地带称为雨带,雨带也是候(旬)内平均降水量相对集中的地区。

1. 我国雨季和雨带的季节性变化

由于西太平洋副热带高压脊的位置季节性变动,所以我国东部的雨季和雨带也随着季节变化有规律地南北移动。我国的雨季一般出现在夏半年,有明显的雨季、干季之分。西部高原地区雨季和干季的相对转化比东部地区更加清楚。据统计,云贵高原的雨季平均是从 5 月下旬开始,10 月下旬结束,雨季的降水量要比干季大九倍之多。青藏高原北部雨季平均开始于 6 月中旬,结束于 10 月下旬。高原的雨季东北部比西南部、西北部开始早,结束晚。新疆的降水全年分布比较均匀,雨季、干季并不明显。我国东部地区的雨季一般是南部比北部开始早,结束晚。华南沿海雨季 4 月开始,10 月中旬结束。长江流域在 6 月上旬开始,9 月初结束。华北、东北雨季在 7 月中旬开始,8 月底结束。雨季中,降水分布也不均匀,不少地区仍有相对的干期。例如:长江流域东部相对干期在 7 月中旬至 8 月中旬。华南相对干期在 6 月下旬至 7 月下旬。

2. 东亚环流的季节变化与我国雨带活动规律

我国东部地区的雨带活动与东亚环流的季节性变换关系密切,一般候平均大雨带的南北变动与西太平洋副热带高压脊线、100 hPa南亚高压、副热带西风急流以及东亚季风的季节性变化有关。大雨带位于500 hPa副热带高压脊线北侧8~10纬度、100 hPa青藏高压的北侧、副热带西风急流的南侧。如表4-3-1列出了这三个系统的多年月平均位置。表中天气系统分别指:110°—115°E的500 hPa平均副热带高压脊线;90°—120°E的青藏高压平均脊线;110°E根据12 km最大风速轴而确定的副热带急流。4—8月这三个系统都是逐步由南向北推进,8—10月则由北往南撤退,它和大雨带的进退时间恰好一致。

表 4-3-1 东亚地区 500 hPa 副热带高压、100 hPa 青藏高压及副热带急流的季节性变化

天气系统 \ 纬度 月	4	5	6	7	8	9	10
500 hPa 副热带高压脊线	16	18	20	25	28	26	21
100 hPa 青藏高压脊线	15	23	28	32	33	28	
副热带急流	33	34	35	40	41	39	34

据统计,我国多年候平均大雨带,从3月下旬至5月上旬,停滞在江南地区(25°—29°N),雨量较小,称为江南春雨期;5月中旬至6月上旬(约25天),停滞在华南地区,雨量迅速增大,形成华南前汛期盛期;6月中旬至7月上旬(约20天),则停滞在长江中下游至湘赣地区,称为江淮梅雨;从7月中旬至8月下旬(约40天)停滞在华北和东北地区,造成华北和东北雨季。这时华南又出现由台风、东风波等热带天气系统所造成的另一个大雨带,形成华南雨季的第二阶段,称为华南后汛期。从8月下旬起,大雨带迅速南撤,9月中旬至10月上旬,雨带停滞在淮河流域,称为淮河秋雨期,雨量较小。此后,全国降水全面减弱。

3. 我国暴雨的特征

在我国,暴雨通常是指24小时降水量(R_{24})达到和超过50 mm的降水,又有暴雨、大暴雨、特大暴雨三个量级。对一次降水过程而言,往往连续数日,若累积降水量≥400 mm称为大暴雨过程,若累积降水量≥800 mm称为特大暴雨过程。

我国地域广阔,气候多样,各地的降水有明显的地理、气候特征,且各地抗御洪涝的自然条件各异,因此,各地都有本地的暴雨定义或标准。例如,在华南地区,降水强度一般较大,泄洪条件较好,因此R_{24}≥80 mm才称为暴雨。而有些地区降水量气候平均值较小,因此R_{24}不到50 mm便成为暴雨。例如,东北地区有时把R_{24}≥30 mm称为暴雨,西北地区把R_{24}≥25 mm就称为暴雨。

我国暴雨主要由台风、锋面和从青藏高原东移过来的气旋性涡旋(西南涡、西北涡、高原涡)引起,沿海地区的降水极值多数由台风引起。长江中下游和淮河流域主要是6—7月梅雨锋上的西南涡所引起,黄河中下游和海河流域7—8月的暴雨主要是从四川移出的西南涡和从青海移出的西北涡引起。

我国的暴雨不仅发生在沿海,而且出现在内陆;暴雨极值与地形有关,大多出现在山脉的迎风坡、平原与山脉的过渡地区或河谷地带。暴雨多发于暖季,这是因为我国位于亚洲季风

区,夏季的西南或偏南季风从印度洋及西太平洋带来充沛的水汽,而且层结不稳定,有利于暴雨的形成。

形成暴雨要求有充分的水汽供应、强烈的上升运动和较长的持续时间。因此讨论暴雨的形成就要研究形成暴雨的环流形势。副热带高压脊、长波槽、切变线、静止锋、大型冷涡等大尺度系统长期稳定是造成连续暴雨的必要前提。短波槽、低涡、气旋等是直接产生暴雨的天气系统,且移速较快,但在稳定的长波控制下可以接连出现,造成一次又一次的暴雨过程。在特定的天气形势下,当天气尺度系统缓慢或停滞,很容易形成特大暴雨。

4.3.2.2　我国大范围降水的环流特征

1. 华南前汛期降水

华南是指武夷山—南岭以南的广西、广东、福建、台湾和海南等省区区域,它属于热带季风气候区,是我国年平均气温最高、雨期长且雨量最充沛的区域,可分为两个雨季:一是华南前汛期(4—6月),它是西风带环流系统与热带季风系统相互作用形成的降水。二是华南后汛期(台风汛期,7月中旬—8月下旬),是由台风、ITCZ(热带辐合带)等热带系统造成的降水。

(1)降水一般特征

4—6月为华南前汛期,降水主要发生在副高(副热带高压,简称副高)北侧的西风带中,4月初降水量开始缓慢增大,5月中旬雨量迅速增大进入盛期。5月中旬以前,大雨带位于华南北部,主要是北方冷空气侵入形成的锋面降水。5月中旬以后,受季风影响,大雨带移至华南沿海,降水量增大,主要为锋面前部的暖区降水。

(2)500 hPa 环流特征

华南前汛期降水是在一定的中高纬和低纬环流背景下生成的。每次降水过程,在500 hPa上中高纬和低纬几乎都有低槽活动,但具体环流特征可分为三种类型:两脊一槽型;两槽一脊型;多波型。两脊一槽型特征:乌拉尔山以东的西伯利亚西部和亚洲东岸的中高纬度地区为高压脊,贝加尔湖地区为低槽。两槽一脊型特征:中亚地区为脊,乌拉尔山以东的西伯利亚西部和亚洲东岸为低槽。多波型:中高纬环流呈多波状,振幅较小,在欧亚大陆范围内,高纬地区至少有 2 个以上的低压中心;与低压中心相对应的移动性低槽活动较为频繁;同时,南支波动也较为频繁。

华南前汛期降水环流形势的共同特点:

①副热带高空西风急流北跳稳定在 30°N 以北。

②副热带高压脊稳定在 18°N 附近或以南地区,华南上空为平直西风带,底层常存在南北两条低空急流。

③中高纬均有低槽活动,北方冷空气与活跃的东亚季风气流交汇于华南。

④南支槽活动于孟加拉湾附近,槽前稳定的西南季风为降水提供充足的水汽。

⑤200 hPa 中南半岛上南亚高压控制。华南高空维持辐散的西北气流。

2. 江淮梅雨

(1)概念及特点

每年初夏(6月中旬—7月中旬),在湖北宜昌以东 28°—34°N 之间的江淮流域到日本南部这一狭长区域常会出现连阴雨天气,雨量很大。由于这一时期正是江南梅子的黄熟季节,故称为"梅雨"。又因此时空气湿度大,温度高,百物极易受潮霉烂,因而又有"霉雨"之称。

(2)梅雨的气候特征

梅雨天气的主要特征:长江中下游多阴雨天气,雨量充沛,相对湿度很大,日照时间短,降水一般具有连续性,但常间有阵雨或雷雨,有时可达暴雨程度。梅雨结束以后,主要雨带北跳到黄河流域,长江流域雨量减少,相对湿度降低,晴天增多,温度升高,天气酷热,进入盛夏。

长江中下游梅雨有两类:典型梅雨和早梅雨(迎梅雨)。典型梅雨入梅为6月中旬(6月6日—15日),梅雨期长约20天至24天。出梅为7月上旬(6—10日),出梅以后天气即进入盛夏。早梅雨是出现于5月份的梅雨,平均开始日期为5月15日,梅雨天数平均为14天,它的主要天气特征与典型梅雨相同,不同的是梅雨期较早出梅后主要雨带不是北跃而是南退,以后雨带如果再次北跃,就会出现典型梅雨。

(3)典型梅雨环流特征

副高西伸北跳,控制华南地区,整个东亚环流完成了从春到夏的调整,雨带同时北跳,华南汛期结束,江淮梅雨开始,印度季风暴发,副热带西风急流从印度北部跳到高原北部,100 hPa反气旋轴线北跳到34°N。梅雨的开始与这个地区稳定而持续的西南季风的建立一致。

①高层(200 hPa)环流

江淮上空维持一个强大的暖性反气旋(南亚高压)。在此反气旋形成的同时,其北侧的西风急流和南侧的东风急流也明显加强,江淮上空高层维持较强的辐散气流(图4-3-1)。

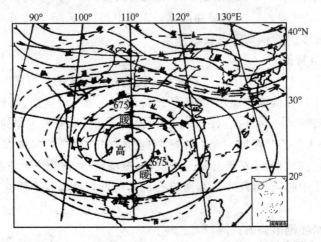

图4-3-1　1973年6月21—25日08时200 hPa候平均图

②中层(500 hPa)环流

副热带地区:西太平洋副高呈带状分布,其脊线从日本南部一直伸向我国华南,略呈东北—西南走向,120°E处的脊线位置稳定在22°N左右。在印度东部或孟加拉湾一带有一稳定的低压槽,长江中下游地区盛行西南风,与北方来的偏西气流之间构成一范围广阔的气流汇合区,有利于锋生并带来充沛的水汽。

中纬度地区:巴尔喀什湖及东亚东岸,建立了两个稳定的浅槽。

高纬度地区:为阻高活动区,阻高可分为三类:三阻型、双阻型、单阻型。三阻型:在50°—70°N的高纬度地区有三个阻高,东阻高位于亚洲东部勒拿河、雅库次克一带;西阻高位于欧洲东部;中阻高位于贝加尔湖西北方。在阻高南部亚洲范围35°—45°N是一个平直强西风带,且有锋区配合,其上不断有短波槽生成东移,但不发展。冷空气路径有两支:一支从巴尔喀什湖冷槽中分裂出来,经新疆、河西走廊南下;另一支从贝加尔湖南下。双阻型:在50°—70°N范围内有两个阻高稳定维持,西阻高位于乌拉尔山附近,东阻高在雅库次克附近。在两个阻高之间是一宽广的低压槽,在35°—40°N是一支较平直西风带。在贝加尔湖西面的大槽内不断有冷空气南下。冷空气路径有两条:一支从巴尔喀什湖附近低槽中分裂小股冷空气经河西走廊南下;另一支从贝加尔湖南下。单阻型:在50°—70°N的亚洲地区有一个阻塞高压,位于贝加尔湖北方,我国东北低槽的尾部可伸到江淮地区。冷空气主要是从贝加尔湖以东沿东北低压后部南下,到达长江流域。有时也有小股冷空气从巴尔喀什湖移来。

③低层环流

在850 hPa或700 hPa上为江淮切变线,切变线之南有与之近乎平行的低空西南风急流,有时切变线上有西南涡东移。地面图上江淮流域有静止锋停滞,若500 hPa平直西风带上有较弱的低槽东移,则在低空常有西南涡与之配合沿切变线东移,在地面上引起静止锋波动产生江淮气旋。中纬西风带上有较强的低槽东移时,静止锋波动能发展为完好的锋面气旋,并向东北方向移动,气旋后部有较强的冷空气推动静止锋南下,变为冷锋。

④三层环流形势综合(图 4-3-2)

低层:东北风或西北风与西南风形成的辐合上升区。

中层:无辐散层。

高层:辐散层。南北两支气流对辐散气流起加速作用。

(4)江淮梅雨锋结构特点

梅雨期间的静止锋,称为梅雨锋。它是夏季季风气流和极地气团或变性极地大陆气团之间的辐合线,具有热带辐合带性质。梅雨

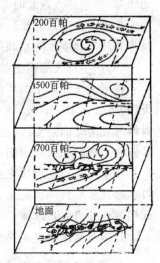

图 4-3-2　梅雨期间
各层环流形势概略图

锋的主要特点是锋面两侧水平温度梯度小,湿度梯度较大,积云对流强。这种锋面结构形成的主要原因是:锋面北侧大陆增暖较锋前快,30°N以北受变性冷高压控制,有较强的下沉气流,气流下沉干绝热增温,抵消了冷平流的降温作用;锋前低层增温大于高层,辐射使地面增温,通过感热加热使大气增温。

3. 华北和东北雨季降水

每年的7月中旬至8月下旬,江淮梅雨期结束,雨带移至华北和东北地区形成本地区雨季。对应地,副热带高压再次北跳(副高脊位于28°—30°N),并到达最北位置,热带辐合带也到达20°N。

(1)华北暴雨的环流特征

①东高西低或两高对峙。巴尔喀什湖一带为一长波槽,当东部长波槽位于100°—110°E时,对华北暴雨最有利,这时暴雨位于长波槽前。长波槽下游高压脊或副高位置稳定是决定降水持续时间的重要条件。当下游的高压脊稳定于120°—140°E时可形成明显的下游阻挡形势,使上游低槽移速减慢或趋于停滞。如果下游中高纬长波脊与南面副热带高压脊同相叠加时,下游高压更加稳定,有利于产生区域性暴雨。

②贝加尔湖形成阻高,三高并存。当下游有阻塞形势维持,同时贝加尔湖一带有长波脊发展,可形成三高并存的环流形势(日本海高压、青海高压、贝加尔湖高压)。从东北至河套为深厚的低槽或切变线;南方的西南气流或低空急流向华北输送暖湿空气;西南涡向东北方移动,进入长波槽中,在华北停滞;日本海副高的东南气流将太平洋上的水汽向雨区输送。这是造成华北持续特大暴雨的一种环流形势。"63·8""58·7"等特大暴雨就是出现在这种形式下。

③北方形成高压坝,北上台风深入内陆受阻停滞或切断冷涡稳定少动造成暴雨的形势。

(2)东北暴雨的环流形势(500 hPa)

500 hPa 上 110°—120°E 的长波槽与位于 30°N 以北的副热带高压脊相结合,且中低层存在西南风急流,急流北端产生暖锋式切变。在这种形势下,地面气旋(黄河气旋或江淮气旋)活动频繁,当它移入东北时常常产生暴雨(占总数 76%),当有台风北上进入长波槽前时常产生特大暴雨。由于东北暴雨和华北暴雨的长波槽是同一低槽,属于同一雨季。此外,高空冷涡也是华北和东北夏季降水和暴雨的重要环流形势。

(3)产生特大暴雨的关键系统

在形成华北暴雨的环流系统中,日本海高压是一关键系统。日本海高压一般可维持 3~5 天,长者可达 7~10 天。它对暴雨的作用有两个:一是阻挡低槽的东移,并和槽后青海高压脊对峙形成南北向切变线,使西南涡在此停滞;二是日本海高压南侧的东或东南气流可向华北地区输送水汽。如果热带辐合带北移并有台风生成时,则偏东气流可增强和维持。

日本海高压的形成方式:一种是大陆高压东移经过河套、华北地区到达海上,稳定后形成日本海高压。另一种是北方高压脊与西伸到日本海的太平洋副热带高压脊合并而成,或副高北移或西伸进入日本海,形成日本海高压。

日本海高压具有副热带高压的性质,为深厚的暖性高压系统。

4. 西北地区雨季降水

(1)西北地区降水的气候特征

我国西北地区包括新疆、甘肃、青海、宁夏、陕西及内蒙古西部,这里由于地处亚欧大陆腹地,青藏高原的北部及东北部,地形条件十分复杂。其气候特征比东北、华北、长江流域及华南等地更为复杂。冬季盛行干冷的西北气流,降水很少。夏季,来自印度洋的西南暖湿气流,由于青藏高原的阻挡,很难到达西北地区;而来自西太平洋的东南暖湿气流,又由于太平洋副高的强度和位置的不同,到达西北地区在年度和季节上变化也十分明显,因此就造成了西北地区以干旱为主的气候特征。西北地区约82%的面积为多年平均雨量少于 500 mm 的干旱半干旱区。

谢金南等(2000)研究发现,西北地区可分为三种典型的气候区,其中西北中、西部(包括新疆、柴达木盆地和甘肃河西走廊中西段)为西风带气候区;青海省及祁连山区为高原气候区;西北地区东部(包括陕西、宁夏、甘肃河西走廊东段以东、青海东部)为亚洲季风影响区及其边缘区域(如图 4-3-3)。

西北地区降水量的空间分布受地理和地形影响较大。宋连春等(2003)总结了西北地区128 个代表站,1961 年—2000 年 40 年的平均降水量分布形势,发现青藏高原、天山、秦岭及祁连山等大、中、小尺度地形对西北地区降水分布有强烈影响。西北地区东南部受东亚季风和南亚季风影响较大,空中水汽含量较多,容易形成降水且强度较大,年降水量一般超过 600 mm,

如陕西南部、甘肃南部和青海东南部,特别是秦岭附近山区年降水量超过900 mm,这里为半湿润及湿润气候区,受高大山系的影响,从东南部来的水汽很难到达西北中部一带,即使有少部分水汽来到这里,也是集中在对流层中高层,所以许多高大山系的迎风坡容易形成降水,但是在地势比较低的沙漠、戈壁和走廊一带,水汽很难抬升凝结,一般以下沉气流为主,这里年降水量一般不超过200 mm。南疆盆地、柴达木盆地、河西走廊西端、内蒙古西部的巴丹吉林沙漠等地降水量一般不超过50 mm,形成极端干旱区。新疆的西部和北部的气候主要受西风带气候的影响,在天山、帕米尔高原等地出现多雨带,山区降水量一般超过400 mm,个别地方超过500 mm,可以认为西北降水大部分来自山区降水和冰雪融化。

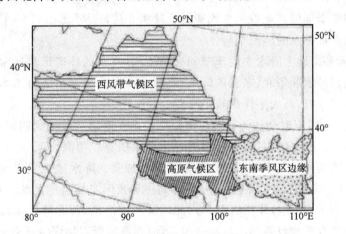

图 4-3-3　西北地区气候分区(谢金南等,2000)

(2)西北地区主要的水汽源地及水汽通道

王秀荣等(2003)通过对1958—1997年40年的多个气象要素和1996—2000年西北地区95个测站的夏季降水资料,计算了大气水汽含量和水汽通量输送。结果表明,西北地区整层大气含水量和夏季降水都有很强的局地性。西北地区夏季大气含水量和水汽通量的最大值中心位于天山北部附近。另一个含水量的大值中心位于西北地区东部。从夏季降水分析,降水的大值带也位于这两个地区。而西北地区中部大气含水量和夏季降水都是最少的(图4-3-4)。

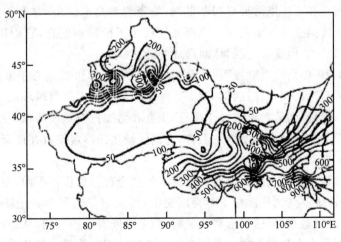

图 4-3-4　西北地区年平均降水分布(王秀荣等,2003)

141

柳鉴容等(2008)根据同位素观测资料,通过对 $\delta^{18}O$ 的空间分布,发现在西北地区,水汽源地随季节和地区变化非常复杂。在冬季,西北地区的降水水汽主要来源于西风带的输送,来自北冰洋的水汽从新疆西北部流入西北地区。春季(3—4 月)与冬季相似。5 月份,水汽源地主要有两个,一个是新疆西北,仍然是西风带携带的水汽;另一个在西北地区东部——青海中部一带,主要是由于南亚季风的暴发,来自印度洋、阿拉伯海及孟加拉湾的水汽,在季风的携带下,沿青藏高原的东部向北,对西北地区东部产生影响。夏季,水汽的输送主要集中在三个通道,一个是沿 41°—48°N 的西风带输送通道;第二个来自孟加拉湾,以东北—西南走向自南边界经向输送,翻越青藏高原,沿四川盆地北侧到达西北地区的南亚季风水汽通道;第三个源自西太平洋,经我国东南部的东亚季风水汽通道。秋季 9 月与夏季类似,10—11 月与冬季相似。

(3)西北地区东部降水的环流形势

西北地区由于各个地方降水主要季节和系统不同,降水的环流形势通常很复杂。对西北地区东部而言,通常降水和华北、东北的降水在同一个季节,影响系统也基本相似。所不同的是,西北地区东部降水时,西太平洋副热带高压位置偏西,控制我国东部大部分地区,脊线位于长江中下游一带,588 线有时会达到河套以南地区。副高西侧从重庆到四川东部、陕西南部大范围地区盛行偏南气流。乌拉尔山至新疆附近为一高压脊。两高之间,在蒙古至高原中东部一带为低压槽区,槽前西南气流随槽的东移南下逐渐加强。降水通常发生在槽前大范围的上升运动区。700 hPa 图上,高原低涡在高原西部高压和我国东部高压区的夹挤下,形成南北向的较深的低涡带,沿高原的东部在西南和西北地区东部活动,西北地区东部维持西南暖湿气流,形成大范围的辐合区和较强的水汽输送带,有时在高原低涡加深时还会形成南风急流。

5. 长江中下游春季连阴雨

每年 3—4 月,我国长江中下游各省出现的持续 5～7 天或 10 天以上的阴雨天气,有时一次接着一次,致使阴雨天气持续一个月以上。降水强度不大,降水时温度低,故也称低温阴雨。

产生长江中下游连阴雨的环流型大致有以下两种。

①欧亚阻高型:乌拉尔山附近存在阻高,中纬亚欧上空为平直西风环流。急流分为南北两支,北支绕道青藏高原北边,从中亚到西伯利亚为一个宽槽,宽槽后的浅脊向华北和长江中下游输送冷空气。南支在北边里海形成切断低涡,绕道青藏高原之南,并在孟加拉湾形成低槽。槽前西南气流输送暖湿空气。南北两支急流在长江中下游以东汇合,它们所输送的冷暖空气在此交汇,在 700 hPa 上形成切变线,地面形成准静止锋。

②北方大低涡型:中高纬度欧亚为一个大型低涡所控制,极涡偏心于欧亚大陆,在北欧冰岛或大西洋有时有阻塞高压存在,因此,亚洲中纬度大陆上为平直西风环流。西风环流在青藏高原上分支,北支在新疆到蒙古形成一个浅脊,南支在孟加拉湾形成低槽。槽前西南气流输送暖湿空气。南北两支在长江中下游以东汇合,它们所输送的冷暖空气在此交汇,准静止锋在长江流域到南岭之间摆动。

两种形势的共同特点南支急流与北支急流上的槽脊在亚洲位相不同,南支输送暖湿空气,北支输送冷空气,冷暖空气向长江中下游得以交汇,形成切变线和准静止锋,有一次小槽的东移活动,就有一次降水过程,当这种形势稳定时,就会不断有小槽活动,从而造成连阴雨。

降水形成原因是南支急流上的超长波在长江流域徘徊的结果。超长波的波长约为8000～10000 km,移动缓慢,周期为 12 天左右,南北方向振幅为 3000 km 左右,小槽在对流层低层是向西倾斜的,槽前为暖空气上升运动,槽后为冷空气下沉运动,于是在低空形成足够强的锋区,这种斜压不稳定使得超长波稳定维持。同时青藏高原的分支作用,使得北支上的超长波与南支气流在长江中下游交汇,形成了连阴雨。

长江中下游秋季(9月)连阴雨、华南春季(3—5月)连阴雨与长江中下游春季连阴雨的天气特点基本相似,都是在准静止锋后产生的。我国其他地区的连阴雨,也都是在稳定的大形势下,中高层西南气流在准静止锋上滑行所形成的。

4.3.3 任务实施步骤

(1)学生分组,每组4到5人,每组发历史天气图1~2本,布置任务。

(2)在教师的指导下学生根据历史天气实况,各组选择一次大型天气过程作为分析的资料,也可在MICAPS系统中选择近期合适的大型降水天气过程作为分析资料。

(3)根据教师布置的任务和所选的天气过程有针对性地学习相关知识准备内容。

(4)在分析过程中,首先根据天气实况图,统计本次降水的时间,以及整个过程各个站的逐日降水量,并计算过程总降水量;完成任务工单中的降水概况描述。

(5)组内成员集中看图,结合所学知识,集体讨论分析。具体分析100 hPa南亚高压的位置、强弱;副热带西风急流的位置、强弱。500 hPa图上副热带高压的强弱和位置,造成大型降水的长波槽的位置、发展。冷空气南下的路径。700、850 hPa图上切变线的位置、变动;辐合中心和辐合线;水汽含量和水汽变化;急流的强度和位置;西南涡的位置和移动。地面图上锋面、气旋的活动情况等。

(6)通过高空850 hPa和700 hPa图上的温露差、低空急流来诊断水汽条件。通过850 hPa和700 hPa图上的切变线、低涡、辐合线、辐合中心,地面图上的锋面、气旋、负变压中心等来诊断低层的辐合流场和垂直上升运动。

(7)通过常规天气资料、卫星资料和雷达资料,全面掌握大范围降水天气过程的分析方法、影响系统、诊断方法。进一步了解我国雨带随季节的变化规律和各地的雨季特征。

(8)撰写分析报告。每组选派一到两人,在班级内公开演讲,各组之间进行交流会商。

(9)完成任务工单中的相关任务。

任务 4.4　大气稳定度指标的计算及分析

4.4.1　任务概述

学会 T-$\ln P$ 图的填写,根据探空资料绘制温度层结曲线、露点层结曲线、状态曲线,用 T-$\ln P$ 图求算大气稳定度参数,求算常用的稳定度指标。学会判断大气层结稳定性,计算对流温度。学会用压高曲线求算 0℃层高度及 -20℃层高度。

4.4.2　计算步骤及方法

(1)根据探空资料(表 4-4-1)分析:①温度、露点层结曲线;②状态曲线,③不稳定能量面积,判断不稳定的类型(具体的做法参考学习情境 1 中的任务 1.6)。

(2)了解压高曲线的绘制方法,认识压高曲线(具体的做法参考学习情境 1 中的任务 1.6)。

(3)掌握各种高度求算方法(具体的算法参考学习情境 1 中的任务 1.6)。

①抬升凝结高度;

②自由对流高度;

③对流上限;

④对流凝结高度;

⑤0℃层高度 H_0、-20℃层高度 H_{-20}。

(4)计算对流温度 T_g,并计算雷暴大风风速,$V \cong 2(T_g - T_o)$。

(5)求算 $\Delta T_{500-850}$、SI 及 SSI。具体的算法参考学习情境 4 中的任务 4.5。

(6)点绘单站高空风图,并分析各层冷、暖平流以及各层稳定度趋势变化。

(7)用 1~3 km 和 3~5.5 km 的热成风 V_T 比较测站周围的相对不稳定区。

4.4.3　计算资料(表 4-4-1)

表 4-4-1　某站的探空及测风资料

探空资料						测风资料		
P	H	T	T_d	dd	ff	H	dd	ff
1004		22.4	18.9			500	260	4
1000	48	22.2	18.8	265	4	1000	330	6
974		20.2	16.7			1500	310	7
908		20.8	4.8			2000	295	10

续表

探空资料						测风资料		
P	H	T	T_d	dd	ff	H	dd	ff
850	1449	16.6	0.6	210	7	3000	280	14
820		14.0	0.0			4000	290	12
798		13.2	−2.8			5500	275	17
700	3070	4.6	−7.4	280	14	6000	280	19
600		−6.1	−12.1			7000	275	23
500	5710	−15.9	−22.9	275	17	8000	270	27
451		−19.7	−30.7			9000	255	51
400	7360	−25.3	−37.3	275	23	10000	260	54
343		−31.9	−43.9			12000	255	58
300	9400	−38.5	−45.5	255	51	14000	260	48
298		−39.1	−46.1			16000	255	26
267		−39.3	−48.3			18000	270	16
250	10650	−41.9	−51.9	255	52	20000	320	8
236		−44.5	−54.5			22000	45	5
200	12140	−48.7	−57.7	255	58	24000	105	3
150	14010	−55.7	−63.7	250	48	26000	105	6
112		−57.7				28000	110	7
100	16560	−59.7		235	26	最大风层		
70	18770	−63.3		270	16	11000	250	61
64		−61.1						
50	20350	−62.7		320	8			
40		−57.1						
30	24070	−56.9		305	3			
对流层顶	122 hPa	$T=-59.5℃$		风向	270	风速		47
	75 hPa	$T=-65.3℃$		风向	200	风速		17

注:表中 P 为气压(hPa),H 为高度(m),T 为温度(℃),T_d 为露点温度(℃),dd 为风向(°),ff 为风速(m/s)。

任务4.5 对流性天气过程分析

4.5.1 任务概述

本任务主要学习对流性天气过程的分析方法。重点掌握对流性天气的天气特征;强雷暴发生发展的有利条件;有利于对流性天气发生的环流背景和天气气候条件;学会 $T\text{-}\ln P$ 图的填写,根据探空资料绘制温度层结曲线、露点层结曲线、状态曲线,求算常用的稳定度指标。用 $T\text{-}\ln P$ 图和用其他指标分析大气层结稳定性。

4.5.2 知识准备

对流性天气过程是指由大气中的对流不稳定层结造成的并伴有雷暴、阵雨、大风、冰雹、龙卷等天气现象的天气过程。对流性天气都是对流旺盛的积雨云(Cb)的产物,范围小,发展快。发展剧烈,容易形成灾害。

对流性天气的分析方法和大尺度天气过程的分析方法有所不同,除了使用天气图进行大范围的形势分析外,还需用 $T\text{-}\ln P$ 进行大气层结稳定性的分析,并且需要配合雷达、卫星资料进行分析。尤其是强雷暴天气,更是离不开雷达的检测,因此在雷达回波图上准确分析和判断强雷暴的发生发展演变,是本任务学习的关键内容。

4.5.2.1 对流性天气形成的条件

由于对流性天气都是对流旺盛的积雨云(Cb)的产物,而对流旺盛的积雨云除了具备一般降水所具备的丰富的水汽条件之外,还必须具备不稳定层结,不稳定气层结含有大量的不稳定能量,而不稳定能量是一种潜在的能量,当没有外力的抬升时,地面的气块不会自动上升,只有产生了某种触发作用,使气块强迫抬升达到自由对流高度以上时,气块才能靠着气层的浮力支持,自动加速上升,从而形成强大的上升气流,形成对流性天气。因此对流性天气形成的基本条件有三个:①水汽条件;②不稳定层结条件;③抬升力条件。其中水汽条件所起的作用不仅是提供成云致雨的原料,而且其垂直分布和温度的垂直分布,都是影响气层稳定度的重要因子。

在上述三个条件中,水汽条件和不稳定层结条件可以认为是发生对流性天气的内因,而抬升力条件则是外因。对流性天气预报也就是以这三个条件为依据所做的分析和预报。那么大气在什么条件下才会具备上述三个条件? 由于水汽条件和不稳定层结条件可以合并讨论,所以主要讨论两个问题:气层怎样趋于不稳定? 气层的不稳定性如何判断? 哪些因子造成垂直运动,促使不稳定能量的释放而造成对流天气?

1. 气层稳定度的变化

在通常的天气学尺度条件下，稳定的局地变化，是由上、下两层等压面的温度和湿度的局地变化所决定的。

温度的局地变化决定于温度平流、垂直运动及非绝热加热引起的温度变化。在对流发生之前，垂直运动速度 $\omega \approx 0$，主要考虑温度平流和非绝热加热引起的温度变化。

在实际大气中表现为冷暖平流及下垫面对低层空气的加热或冷却作用。

①低层暖平流，高层冷平流。低层暖（冷）平流比高层暖（冷）平流强（弱），气层趋于不稳定。

②日射作用使低层空气增热，或冷空气移至暖的下垫面，低层空气受热增温。气层变得不稳定。

湿度的局地变化取决于水汽平流和垂直交换。当低层有湿空气平流（强暖湿平流）时，高层有干空气平流（干冷平流），就可能导致对流性不稳定层结。

在实际工作中，通常用天气图判断各层温度平流及湿度平流，然后决定稳定度变化和估计雷暴发生的可能性。几种常见的有利于对流性天气产生的形势：

①在高层冷中心或冷温度槽与低层暖中心或暖温度脊可能叠置的区域，会形成大片雷暴区。

②当冷锋越山时，若山后低层为暖空气控制，则由于山后低层暖空气之上有冷平流叠置，使不稳定度大为增强，因而常在山后形成大片雷暴区。

③在高层高空槽已东移，冷空气已入侵，而中层以下仍有浅薄的热低压接近，或有西南气流，或有显著的暖平流等情况时，就容易使不稳定性加强，造成对流性天气。

④当低层有湿舌而其上层覆盖着一干气层时，或在高层干平流与低层湿平流相叠加的区域时，会使对流性不稳定增强。

在实际工作中，预报单站稳定度的变化主要应用高空风分析图。根据高空风分析图可以分析冷暖平流的垂直分布。风随高度顺时针变化为暖平流，逆时针变化为冷平流。根据冷暖平流的垂直分布就可以判断稳定度的变化趋势。例如：1962 年 6 月 8 日 08 时徐州的高空风分析图表明，高层有冷平流，低层有暖平流，因此可预报当地层结趋于不稳定（图 4-5-1）。

2. 稳定性的判断方法

在气象学中，我们已经学会 $T\text{-}\ln P$ 图的分析方法，在对流性天气预报中常用它来分析大气的不稳定性。常用 07 时探空资料作出层结曲线，分析大气层结稳定状况，求算特征高度，并计算稳定度指标。大气层结的稳定度，可以用 $\gamma = -\dfrac{\partial T}{\partial z}, \dfrac{\partial \theta}{\partial z}, \dfrac{\partial \theta_{se}}{\partial z}, \dfrac{\partial \theta_{sw}}{\partial z}$ 等物理量的大小来表示，而在实际预报工作中，常常应用一些容易查算的指标来表示稳定度的大小。

①用两等压面的温度及 θ_{se} 的差值来表示两等压面之间的气层的不稳定。即 $\Delta T = T_{500} - T_{850}$、$\Delta \theta_{se} = \theta_{se500} - \theta_{se850}$ 或 $\Delta \theta_{se} = \theta_{se700} - \theta_{se850}$，上述差值通常为负值，负值越大，表示气层越不稳定。

②用两个等压面间的厚度来表示这一层的稳定度，如：$\Delta H = H_{-20} - H_0$，表示 $-20^\circ C$ 层的高度与 $0^\circ C$ 层的差值，值越小，表示气层越不稳定。

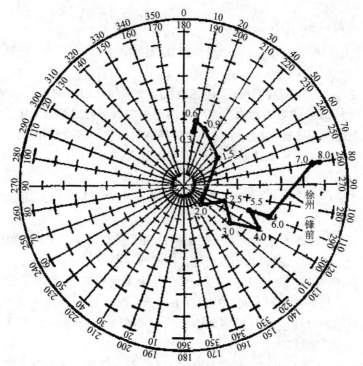

图 4-5-1　1962 年 6 月 8 日 08 时徐州高空风分析图

③沙氏指数 SI:小块空气由 850 hPa 开始,干绝热上升到抬升凝结高度(LCL),然后再按湿绝热递减率上升到 500 hPa 时的温度 T_s 与 500 hPa 实际温度 T_{500} 的差值。

$$SI=T_{500}-T_s$$

SI>0 表示气层较稳定;SI<0 表示气层不稳定,负值越大,气层越不稳定。在实际计算时,T_s 可在附表 3 中用 850 hPa 上的 $T-T_d$ 和 T_{850} 直接查算。

SI 与对流性天气有下列对应关系:

SI>+3℃　　　　　发生雷暴的可能性很小或没有;

0℃<SI<+3℃　　　有发生阵雨的可能性;

-3℃<SI<0℃　　　有发生雷暴的可能性;

-6℃<SI<-3℃　　有发生强雷暴的可能性;

SI<-6℃　　　　　有发生严重对流性天气的危险。

④简化沙氏指数 SSI:500 hPa 的实际温度 T_{500} 与小块空气由 850 hPa 开始干绝热地上升到 500 hPa 时的温度 T_s' 的差值。

$$SSI=T_{500}-T_s'$$

一般情况下,SSI≥0。SSI 的正值越小,表示气层越不稳定。

⑤抬升指数 LI:指一个气块从自由对流高度出发,沿湿绝热线上升到 500 hPa 处所示的温度与 500 hPa 实际温度之间的差。LI 为正时,其值越大,正的不稳定能量面积也愈大,暴发对流的可能性也愈大。

⑥总指数 TT:850 hPa 的温度和露点温度之和减去 2 倍的 500 hPa 温度即可得到。TT愈大,表示愈不稳定。

$$TT=T_{850}+T_{d850}-2T_{500}$$

3. 对流天气的触发机制

①天气系统造成的系统性上升运动:锋面的强迫抬升、槽线、切变线、低压、低涡等以及低空的风向或风速的辐合线等上升运动都较强,绝大多数的雷暴等对流性天气都产生在这些天气系统中。

②地形抬升作用:山地迎风坡的强迫抬升能够引发山区雷暴,因此山地是雷暴的重要源地。气流过山时形成"背风波"也可引发山的背风一侧的雷暴。

③局地热力抬升作用:夏日午后陆地表面由于受热强烈,常常在近地面层形成绝对不稳定的气层,引发"热雷暴"。

4.5.2.2　强雷暴发生发展的有利天气形势

1. 逆温层

逆温层是稳定层结,它的存在可抑制对流发展,但它也具有有利于强对流发展的一面。逆温层可贮藏不稳定能量,使低层水汽能量不向上输送,低层更暖、更湿,上层更冷、更干,大气更不稳定,一旦有强的触发机制即会有强雷暴。

2. 前倾槽

在前倾槽之后与地面冷锋之间的区域,因为高空槽后有干冷平流,而低层冷锋前又有暖湿平流,因此不稳定度加强,容易产生比较强烈的对流性天气。

3. 低层辐合、高层辐散

低层辐合流场和高层辐散流场相互叠置的区域,抬升力会更强、更持续,常会造成严重的对流性天气。通常在天气图上500 hPa槽前表现为疏散槽或阶梯槽的辐散形势,低层700 hPa或850 hPa上有暖舌或暖中心,如果再配合辐合中心或切变线,地面图上就容易有中低压发生,则上升运动加强,强烈的对流性天气就可能在中低压中发展起来。

4. 高、低空急流

强对流风暴一般是在强的垂直风切变的环境中生长起来并能维持。强的风的垂直切变一般出现在高空急流通过的区域,高空急流能够加强高空的辐散流场,加剧上升运动,并且能够使上升气流倾斜,增强下沉气流,有利于上升气流和下沉气流的相互分离和互相促进。低空急流是大量水汽的输送者,同时又能够加强位势不稳定层结。既为强对流天气的产生提供了充足的水汽,又构架位势不稳定层结和触发小扰动。产生冰雹等强对流天气的超级单体风暴大都生成于这样的环境条件下。

4.5.3　任务实施步骤

(1)学生分组,每组4到5人,每组发雷暴个例分析教学图例两套,布置任务,在教师的指导下学生学习相关知识准备内容。

(2)根据教师布置的任务,每组分析一次天气过程,组内成员集中看图,集体讨论分析。制

作 $T-\ln P$ 图,计算各种温、湿特征量、特征高度和常用的稳定度参数,分析层结不稳定性。判断对流发生的可能性和对流的强弱。

(3)结合所学知识,在天气图上重点分析对流性天气容易产生的环流背景:包括低层的水汽输送,不稳定层结的判断,高低空冷暖平流和干湿平流的配置,主要的触发机制和影响系统等。

(4)在雷达回波图上通过 PPI 和 RHI 图的结合使用,重点分析对流云的强弱和发展、移动规律,判断强雷暴发生的时间、地点等。

(5)撰写分析报告。每组选派一到两人,在班级内公开演讲,各组之间进行交流会商。

(6)完成任务工单中的任务。

学习情境 5

MICAPS 资料的应用及天气预报的制作

任务 5.1 资料检索

5.1.1 任务概述

通过多媒体演示,让学生先熟悉资料检索的方法,包括文件名检索、菜单检索、参数检索、综合图检索。通过上机操作、现场指导等方式,使学生分别学会以文件名检索、菜单检索、参数检索、综合图检索方式调出文件资料。并且可以掌握翻页与层次变化操作,单层动画、文件动画、时间同步动画的操作。

5.1.2 知识准备

5.1.2.1 文件名检索

文件名检索即在文件检索窗口中直接选取所需数据的文件名,系统将读取选中文件的信息,在图形显示区内显示相应的图像。

文件检索窗口见图 5-1-1。

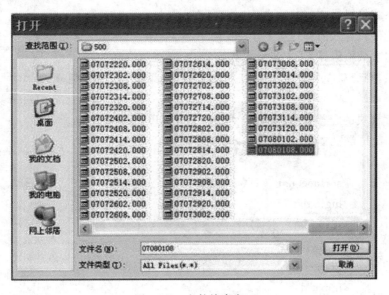

图 5-1-1 文件检索窗口

弹出文件检索窗口的方式有 2 种:

①选择"文件"→"打开"

②选择常用工具条中的打开文件按钮

文件检索窗口为 Windows 标准的打开文件窗口,参照 Windows 的使用说明进行操作。也可以启动 MICAPS 3.1 后直接打开指定数据文件。

5.1.2.2 菜单检索

菜单检索即利用系统提供的菜单直接选取所需数据对应的菜单项,系统打开对应的综合图,在图形显示区内显示相应的图像。

1. 缺省菜单资料检索

缺省资料检索菜单提供比较完整的资料检索,包括 NWP 降水预报、NWP 形势预报、高空观测、地面观测、物理量诊断、卫星资料、雷达、其他观测等菜单项。

2. 菜单检索定义

菜单检索功能由菜单检索功能模块 C:\MICAPS 3\modual\amenu 提供,检索菜单可以通过修改其下的 MICAPSDataMenu. txt 自行设定,并注意 MICAPSDataMenu. txt 中对应综合图文件所指数据文件路径正确。

5.1.2.3 参数检索

参数检索功能由参数检索功能模块 C:\MICAPS 3\modual\data-search 提供,用户打开工具条上的参数检索按钮,显示参数检索窗口(图 5-1-2),可在参数检索窗口中选择所需数据的各种参数,如时次、层次、要素等,系统将根据这些参数自动检索有关数据并显示图像。

缺省配置下包含地面、高空、T213、欧洲中心、Grapes、MM5、卫星、雷达和传真图参数检索界面,在各检索界面中,如果选取参数对应的数据文件不存在,则窗口左侧显示一个红色的竖条,如果文件存在,则显示为绿色。

图 5-1-2 参数检索窗口

参数检索模块的配置方法:参数检索模块目录 MICAPS 安装目录\modual\datasearch,配置文件 searchdata. dat 内容如下:

9

地面	surface. dat	1
高空	high. dat	2
T213	t213. dat	3
欧洲	ecmwf. dat	3
GRAPES	grapes. dat	3
MM5	mm5. dat	3
卫星	awxProducts. cfg	4
雷达拼图	radar. dat	5
传真图	fax. dat	6

　　第一行为参数检索界面的按钮个数。以后每行对应一个按钮,系统安装后提供地面、高空、欧洲中心、T213、Grapes、MM5、卫星、雷达、传真共 9 个按钮,可以根据具体情况增加或减少按钮个数。每个按钮要对应一个配置文件。

　　第一列为显示在按钮上的文字,第二列为各自的配置文件,第三列为参数检索的界面类型(1 为地面、2 为高空、3 为数值预报、4 为卫星资料、5 为雷达,其他资料检索为 6)。

　　各类型数据的参数检索配置文件与 MICAPS 2.0 大致相同,如 T213 数据检索配置文件 t213. dat 内容如下:

23

高度等值线	Z:\t213\height
温度等值线	Z:\t213\temper
T-TD 等值线	Z:\t213\t-td
相对湿度等值线	Z:\t213\rh
地面气压等值线	Z:\t213\pressure
流线	Z:\t213\uv
风场填图	Z:\t213\wind
水汽通量等值线	Z:\t213\rf
水汽通量散度	Z:\t213\ra
假相当位温	Z:\t213\tb
垂直速度	Z:\t213\wp
K 指数	Z:\t213\ki
涡度	Z:\t213\vor
散度	Z:\t213\div
温度平流	Z:\t213\tc
涡度平流	Z:\t213\vb
高度填图	Z:\t213\height-p
气压填图	Z:\t213\pres-p
温度填图	Z:\t213\temper-p
12 小时降水量填图	Z:\t213\rain3-p
24 小时降水量填图	Z:\t213\rain-p
对流降水量填图	Z:\t213\rc3-p
探空图	Z:\t213\tlogp

2

8 20

15

0 6 12 18 24 30 36 42 48 60 72 96 120 144 168

　　开始第一行为要素数,以后每行对应一个要素,包括要素名称和数据目录,注意数据目录为带盘符的全路径。

　　下面为时次数,下一行对应具体的时次,以空格分开各时次。

　　时次后为时效数,下一行对应具体的时效,以空格分开各时效。

参数检索数据有 6 种类型的数据减缩模板，分别为地面、高空、模式、卫星、雷达和其他。

1. 地面资料检索

地面资料检索配置文件 surface.dat 格式如下面例子：

31

地面填图	Z:\surface\plot
等压线	Z:\surface\p0
等温线	Z:\surface\t0
等露点线	Z:\surface\td
6 小时降水量线	Z:\surface\r6
5 点 24 小时降水量线	Z:\surface\r24-5
8 点 24 小时降水量线	Z:\surface\r24-8
流线	Z:\surface\uv
全风速等值线	Z:\surface\vv
气压填图	Z:\surface\p0-p
气温填图	Z:\surface\t0-p
露点填图	Z:\surface\td-p
最高气温填图	Z:\surface\tmax-p
最低气温填图	Z:\surface\tmin-p
6 小时降水量填图	Z:\surface\r6-p
5 点 24 小时降水量填图	Z:\surface\r24-5-p
8 点 24 小时降水量填图	Z:\surface\r24-8-p
3 小时变压填图	Z:\surface\p3-p
24 小时变压填图	Z:\surface\p24-p
24 小时变温填图	Z:\surface\t24-p
自动站海平面气压填图	Z:\surfaceJM\P0-P
自动站 3 小时变压填图	Z:\surfaceJM\P3-P
自动站地面填图	Z:\surfaceJM\Plot
自动站 12 小时降水量填图	Z:\surfaceJM\r12-P
自动站 1 小时降水量填图	Z:\surfaceJM\r1-P
自动站 3 小时降水量填图	Z:\surfaceJM\r3-P
自动站 6 小时降水量填图	Z:\surfaceJM\r6-P
自动站地面温度填图	Z:\surfaceJM\t0-P
自动站地面露点填图	Z:\surfaceJM\td-P
自动站地面全风速填图	Z:\surfaceJM\vv-P
应急传输自动站 1 小时降水量填图	Z:\surfaceJM\ra-P

24

00 01 02 03 04 05 06 07 08 09 10 11 12 13 14 15 16 17 18 19 20 21 22 23

该配置文件第一行为需要检索的要素个数，下面紧接着是各要素的名称和对应的数据目录,最后是需要检索的数据的时次个数和具体时次(小时)。

按照上面格式写成的配置文件,在检索中显示为图 5-1-3。当选择的指定时间的要素数据文件存在时,左侧的红色竖条显示为绿色,否则显示为红色(下面其他类型的数据检索窗口显示类似)。

2. 高空资料检索

高空资料检索配置文件 high. dat 格式如下面例子:

5

高空填图	Z:\high\plot
等高线	Z:\high\height
等温线	Z:\high\temper
等温度露点差线	Z:\high\t-td
等全风速线	Z:\high\vv

2

8 20

按照上面格式写成的配置文件,在检索中显示为图 5-1-4。

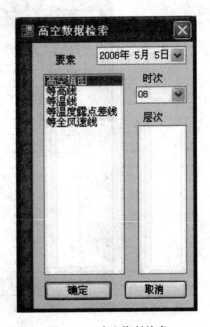

图 5-1-3　地面资料检索　　　　　图 5-1-4　高空资料检索

3. 模式资料检索

模式资料检索配置文件有 t213. dat、ecmwf. dat、mm5. dat、grapes. dat,格式如下面例子(ecmwf. dat):

11

高度等值线	Z:\ecmwf\height
温度等值线	Z:\ecmwf\temper

海平面气压	Z:\ecmwf\pressure
流线	Z:\ecmwf\uv
风场填图	Z:\ecmwf\wind
相对湿度	Z:\ecmwf\rh
高度填图	Z:\ecmwf\height-p
温度填图	Z:\ecmwf\temper-p
气压填图	Z:\ecmwf\pres-p
相对湿度填图	Z:\ecmwf\rh-p
德国降水量填图	Z:\germany\rain-p

2

08 20

8

12 24 48 72 96 120 144 168

按照上面格式写成的配置文件，在检索中显示为图 5-1-5。数据的层次自动根据该目录的子目录确定。

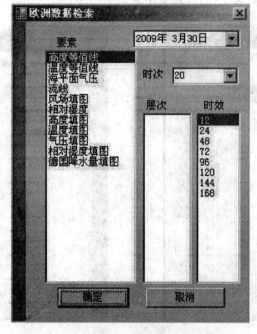

图 5-1-5　数值天气预报模式资料检索

4. 卫星资料检索

卫星资料检索配置文件 awxProducts. cfg 格式如下面例子（完整的例子参考安装目录下的参数配置文件）：

类别1	类别2	类别3	类别4	产品路径
6 小时降水估计	FY2C	NONE	NONE	Z:\fy2\product\TEG\
6 小时降水估计	FY2D	NONE	NONE	Z:\fy2d\PRE\HOUR6\

| OLR | FY2C | NONE | NONE | Z:\fy2\product\TOG\ |
| OLR | FY2D | NONE | NONE | Z:\fy2d\OLR\HOUR3\ |

……

按照上面格式写成的配置文件，在检索中显示为图 5-1-6。

图 5-1-6 卫星资料检索

5. 雷达资料检索

雷达资料检索配置文件 radar.dat 格式如下面例子：

4

基本反射率	Z:\radar\z	*.000
组合反射率	Z:\radar\x	*.000
垂直液态含水量	Z:\radar\v	*.000
累积降水量	Z:\radar\o	*.000

每行有文件命名模板说明，显示文件名时只显示指定目录下文件名符合模板说明的文件名。

按照上面格式写成的配置文件，在检索中显示为图 5-1-7。选择一个文件后，直接打开显示，并可以通过选择"打开文件前删除上一次打开文件"自动删除已经打开的文件。

6. 传真图资料检索

传真图资料检索配置文件 fax.dat 格式如下面例子：

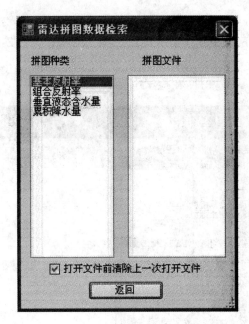

图 5-1-7　雷达资料检索

24

20 点日本 jfeas509	D:\data\fax\jfeas509. bi2
20 点日本 jfeas512	D:\data\fax\jfeas512. bi2
20 点日本 jfeas514	D:\data\fax\jfeas514. bi2
20 点日本 jfeas516	D:\data\fax\jfeas516. bi2
20 点日本 jfeas519	D:\data\fax\jfeas519. bi2
20 点日本 jfufe502	D:\data\fax\jfufe502. bi2
20 点日本 jfufe503	D:\data\fax\jfufe503. bi2
08 点日本 jfufe502	D:\data\fax\jfufe502. bi0
08 点日本 jfufe503	D:\data\fax\jfufe503. bi0
20 点日本 jfsas04	D:\data\fax\jfsas04. bi2
20 点日本 jfsas07	D:\data\fax\jfsas07. bi2
08 点日本 jfsas04	D:\data\fax\jfsas04. bi0
08 点日本 jfsas07	D:\data\fax\jfsas07. bi0
08 点中国台风警报	D:\data\fax\bjwtpq20. bi0
14 点中国台风警报	D:\data\fax\bjwtpq20. bi6
20 点 JFUFE503	D:\data\fax\jfufe503. bi2
08 点 JFXAS507	D:\data\fax\jfxas507. bi0
20 点 JFXAS507	D:\data\fax\jfxas507. bi2
08 点 JFXFE572	D:\data\fax\jfxfe572. bi0
20 点 JFXFE572	D:\data\fax\jfxfe572. bi2
08 点 JFXFE573	D:\data\fax\jfxfe573. bi0
20 点 JFXFE573	D:\data\fax\jfxfe573. bi2

地面综合天气图　　　　　　　　　　C:\MICAPS 3\zht\000 填图地面全站点

500hPa 综合天气图　　　　　　　　　C:\MICAPS 3\zht\00 天气图 500

按照上面格式写成的配置文件，在检索中显示为图 5-1-8。与雷达资料检索一样，选中文件即可打开，打开新文件，可以自动删除原来通过该窗口最近一次打开的文件。

图 5-1-8　传真图资料检索

5.1.2.4　综合图检索

1. 综合图定义

综合图是能够作为一个整体被检索的一组数据。这一组数据的信息被储存在一个由用户命名的综合图文件中，当用户选择这个文件时，系统根据文件中的信息，把相应数据的最新时次的图像自动叠加显示在显示区中。

综合图使用如下格式：

diamond 10 2

D:/home/lya/lya/data/ecmwf/x850wind/ .024 11

D:/home/lya/data/ecmwf/height/ .024 4

文件中第一行第一个字符串为系统保留使用的识别码，10 为固定整数值，2 为综合图中包含的文件数，该数字可以为大于或等于 1 的正整数，但要与下面文件的行数（含空行）相等。

第二行以后为文件描述，每行第一个字符串为文件路径，注意要以"/"结尾，第二个字符串为文件类型描述，可以为 .000、* .000、A * .000 等，第三个为正整数，表示数据类型。

MICAPS 3.1 扩展的综合图格式：

MICAPS 3 10 3

Z:\data\newecmwf\h500\ * .024 4 isoline_dig. ini 0

Z:\data\newecmwf\h500\ *.048 4 isoline_dig.ini

Z:\data\newecmwf\t850\ *.024 4

其中标志字符串更改为 MICAPS 3,每行数据说明后增加一个配置文件名和一个显示窗口序号,打开文件后使用该配置文件中的设置显示数据,可以显示到指定的窗口中,如果序号指定的打开窗口不存在,则显示到当前窗口(最后打开文件的窗口),也可以只指定配置文件,而不指定显示文件的窗口,如果需要指定显示文件的窗口,而不指定打开配置文件,则可以使用 null 表示不指定配置文件名。

文件路径可以使用相对路径,但只能省略共用路径部分,在综合图处理模块的配置文件中说明省略的路径部分。

说明 1:该格式需要各功能模块支持,目前可能有部分模块没有完全支持该格式的综合图,但使用该格式,系统可能无法使用指定的配置文件,但不会出现错误。

说明 2:路径中可以使用斜杠(/)或反斜杠(\)。

2. 检索综合图

有四种方法可以打开综合图:

①选择菜单"文件"→"打开"或单击工具条的打开文件 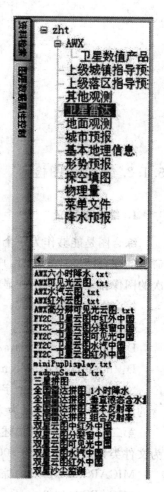 按钮,出现打开文件对话框,找到综合图所在的路径,选取综合图并打开。

②单击菜单条预先定义的综合图文件所对应的子菜单打开综合图。

③利用主界面左侧的资料检索窗口(图 5-1-9)内显示的综合图目录及文件名(或数据文件名),打开预先定义的综合图或数据文件。该窗口显示的综合图为通过系统配置文件指定的目录及第一级子目录下的文件,也可以是其他格式的数据文件,系统安装缺省默认的综合图目录为 C:\MICAPS 3\zht。

该窗口分为两部分,上面是综合图目录结构,下面显示选中的目录下的文件列表,点击目录结构中的目录名称,则文件名列表框中自动更新显示为当前选择的目录中的文件名。点击列表框中的文件名,则打开选择的文件,文件格式可以是 MICAPS 3 能够打开的任何格式。

④直接指定综合图文件启动 MICAPS 3.1,启动后自动打开指定综合图文件数据。

3. 打开综合图自动清除文件

在系统菜单"设置"→"打开综合图自动清除文件"子菜单中设置是否在打开综合图前清除已经打开的文件,如果设置(√选)自动清除,则打开新的综合图前,清除该图组下图形显示窗口已经打开的文件。如果在综合图中指定数据文件显示窗口,则会清除所有窗口已经打开的文件。

图 5-1-9 资料检索窗口

地理信息文件不会自动清除。

4. 定义综合图

(1)利用 MICAPS 3.1 定义综合图

如果要将当前打开的所有文件保存为一个综合图,选择菜单"文件"→"保存综合图"。使用该方式定义的综合图格式与 MICAPS 1.0 和 2.0 版格式相同,不包含第三版扩展信息,但所定义综合图文件后缀名可以是 . ZHT、. TXT、. DAT、. XML 等。

(2)其他方式定义综合图

可以使用记事本等编辑工具直接建立或编辑综合图文件。

5. 综合图模块配置

综合图模块的配置文件 combine. ini 在该模块的安装目录 C:\MICAPS 3\modual\combine 下,包含三个设置选项:

〔设置〕

增加基本目录＝D:\data

改变综合图指向文件盘符＝true

改变盘符＝ZZYYXX

如果综合图文件中使用的是相对路径,则自动增加此处设置的基本目录。

如果设置"改变综合图指向文件目录"为 true,则使用"改变盘符"中的设置自动修改综合图中文件指向的逻辑盘,此处设置主要用于不同终端映射网络盘符不同的情况,一般不需要设置改变盘符。改变盘符设置中后面的字母数字每两个为一组,每组的第一个是出现在综合图文件中的盘符,第二个为需要使用的实际盘符。

6. 默认综合图

MICAPS 3 附加地理信息数据和综合图程序安装后,将安装默认的综合图和地理信息数据,综合图包括常规观测、卫星、雷达和数值模式主要产品的检索综合图。

5.1.2.5　翻页与层次变化

当已经有若干数据显示在图形显示区后,还可通过翻页功能检索其他时次的数据或其他层次的数据。

向上或向下移动层次时是根据当前文件所在目录上级目录下各子目录按排序后的顺序向上或向下移动,如果所有子目录均为数字,则按数字大小排序,否则按字符串排序,因此如果各子目录并非一类数据,或目录名称没有规律,则可能出现意想不到的移动方式。

前后翻页目前使用按文件翻页的方式,没有进行时间同步,正在编辑或隐藏数据不翻页。

注意:向上和向下移动层次的规则是按照上一级目录名数字的大小排序,如果无法转换为数字,则使用字符串排序,可能会导致不想要的排序结果;另外,有些类型的数据,如地面观测、$TlogP$、台风路径、城市预报、云图等不参加层次移动。如果向上或向下层次找不到相同名字的文件,则可能导致该层数据丢失。

5.1.2.6 动画

1. 动画设置

系统缺省动画设置:动画属性设置可以通过直接修改安装主目录下的配置文件 set. ini 修改,也可以通过图形化配置窗口修改设置。

临时动画设置:可以通过菜单"视图"下的子菜单项进行设置,系统退出后设置不保存。

2. 单层动画

可以通过点击显示设置窗口上 单层动画按钮,对单独一个图层进行动画。

3. 文件动画

可以通过点击工具条上的 动画按钮对所有图层进行动画设置,正在编辑的图层、地图、站点信息等不参加动画,再次点击此按钮时则停止动画。

5.1.3 任务实施步骤

(1)学生自由分成若干组,每组自行选出组长一名。

(2)组长召集组员学习不同资料检索方法的知识准备内容。

(3)组与组之间相互讨论各种资料检索的具体步骤。

(4)通过文件名检索调出文件资料。

(5)通过参数检索调出文件资料。

(6)学会翻页与层次变化设置。

(7)学会单层动画、文件动画及时间同步动画设置。

(8)老师检查每组的学习情况,并予以评价、总结。

(9)完成任务工单中的任务。

任务 5.2 地面观测资料显示

5.2.1 任务概述

通过多媒体教学、上机操作、现场指导等方式,使学生掌握地面三线图的显示方法,通过地面三线图的显示,分析气象要素的变化;学会根据阈值统计气象要素资料;会在系统中显示、隐藏气象要素;会显示强天气特征。

5.2.2 知识准备

5.2.2.1 常规地面观测资料显示

地面观测资料可用文件名检索、菜单检索、参数检索、综合图检索、拖放数据文件检索等方式打开显示。地面观测实时数据一般位于 MICAPS 数据处理服务器上的 surface\plot 目录下,使用 MICAPS 第 1 类数据格式,建议用综合图或菜单方式检索。

1. 模块设置

显示地面观测资料(MICAPS 第 1 类数据)的模块缺省安装目录为 C:\MICAPS 3\modual\surface,主要配置文件为 surface.ini。

模块设置:surface.ini 文件内容如下,可以通过修改该文件修改系统的初始属性。

[字体设置]

字体字号=宋体,9pt

[颜色调整]

站号=Black

气压=Blue

温度=Black

露点=Black

三小时变压=Black

风=Black

能见度=Black

总云量=Black

低云高=Black

低云状=Black

低云量=Black

中云状＝Black

高云状＝Black

现在天气＝Black

过去天气 1＝Black

过去天气 2＝Black

六小时雨量＝Green

［隐现设置］

站号＝False

气压＝True

温度＝True

露点＝True

三小时变压＝False

风＝True

能见度＝False

总云量＝True

低云量＝False

低云高＝False

低云状＝False

中云状＝False

高云状＝False

现在天气＝True

过去天气 1＝False

过去天气 2＝False

六小时雨量＝True

隐藏所有＝False

显示所有＝False

强天气＝False

;强天气显示时其他均隐藏

［分级显示］

分级显示＝False

自动分级显示＝False

指定显示级别＝3

自动分级比例＝1 1 2 2 4 4 8 8 16 16 32 32 64 64

［监视设置］

显示大风＝False

显示高温＝False

显示低温＝False

显示降水＝False

显示强天气＝False

显示能见度相关天气＝False

符号大小＝0.18

高温监测值＝35

低温监测值＝0

降水监测值＝0

大风监测值＝6

自动更新＝False

更新间隔＝1

;单位　分钟

注意:兼容 MICAPS 2.0 填写方式,温度填写一位小数,气压填写三位数字。

属性设置:在显示设置窗口或图层选择窗口选择地面观测填图数据文件,则会出现相应的属性窗口,也可以在显示设置窗口直接点击属性按钮,弹出快捷方式的属性设置对话框进行地面观测数据显示属性修改。可以通过属性窗口设置的属性有字体、颜色、显示隐藏、监视等部分,并可通过属性设置窗口打开三线图显示。

分级和自动分级显示:通过属性设置,可以启用分级和自动分级功能,并设置分级属性,也可以直接修改配置文件,默认该功能自动启用(缺省安装该功能不启用)。使用分级而不使用自动分级,可以直接设定显示级别,如果启用自动分级,则按照地图放大比例,自动显示不同级别站点。自动分级比例为一组整数,奇数为站点级别,偶数为地图放大比例,相应地图比例显示相应级别以上站点。

要素显示设置:在属性窗口中选择填图要素设置选项,将出现填图要素设置窗口(图 5-2-1)。右键单击改变要素的显示和隐藏属性,双击左键出现颜色选择框(图 5-2-2),可以改变要素填图符号或数字的颜色。

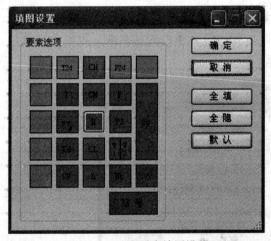

图 5-2-1　地面要素填图设置

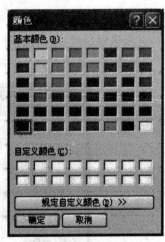

图 5-2-2　颜色选择框

要素选择窗口中包含确定、取消、全填、全隐和默认五个按钮,分别对应确认选择、取消选择并关闭该窗口、全部显示、全部隐藏和使用默认显示设置功能。

2. 地面三线图显示

在属性设置中选择地面三线图,将其属性设置为 true,则弹出地面三线图显示窗口

（图 5-2-3），在主窗口移动鼠标，选择站点，窗口将显示该测站的地面三线图。显示时间长度可以通过时间选择改变。

　　三线图时间轴可以选择向前或向后，默认状态左侧为新时间，时间间隔可以重新选择，选择时间、改变窗口大小等属性后，已经绘制的图像使用新的属性重新绘制。

　　三线图下方的地面填图可以选择只填云量和风，也可以选择填全部信息。

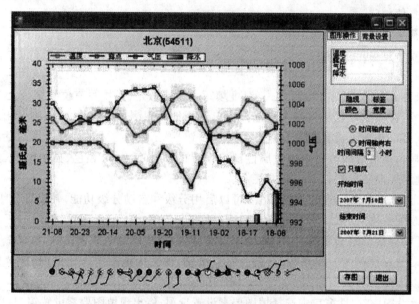

图 5-2-3　地面三线图显示窗口

3. 资料统计

　　在属性设置中选择资料统计，将其属性设置为 true，则弹出地面资料统计显示窗口（图 5-2-4），显示该窗口时，可以选择统计阈值，显示符合条件的站点数。可以分省统计，选择省份后，可以统计指定省份符合条件的站点。

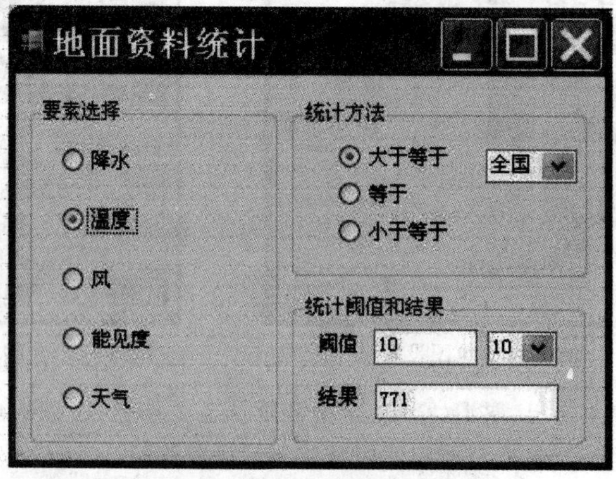

图 5-2-4　地面资料统计

4. 强天气监视显示

在属性设置中进行监视设置,可提供强天气监视显示功能(图 5-2-5),也可以在设置文件 surface.ini 中设定自动启动该功能。

在监视设置栏中,设置显示大风、低温、高温、降水、能见度、强天气任何一项为 true,则进入监视显示状态,系统将不断以不同颜色闪烁显示符合指定条件的要素。可以通过属性控制设置监视条件,也可以通过设置自动更新为 true,自动检查是否有新资料到达,如果有新资料,将自动显示,并使用当前所有设置。

注意:大风指定的是风级,高温、低温单位为温度(温度值扩大 10倍,包含一位小数),降水为降雪、降雨,单位为毫米,能见度相关天气包括雾、霾、沙尘暴等(现在天气代码 9、30~35),强天气显示雷暴、冰雹等天气(现在天气代码 17、27、29、87~99,过去天气代码 9)。

图 5-2-5　监视属性设置

5.2.2.2　自动站资料显示

通过修改配置文件进行配置,配置文件位于 C:\MICAPS 3\modual\aws 目录下,自动站资料可以写成地面观测数据格式(第 1 类数据格式),按照地面填图显示,也可以直接使用 Z 文件格式显示。

自动站写成第 1 类数据格式时,需要在文件说明中包含“自动”两个字,否则会当作地面填图显示。使用 Z 文件,请严格按照自动站 Z文件格式命名。

1. 第 1 类数据格式的自动站数据显示

自动站资料写为第 1 类数据显示时,需要在文件说明部分包含“自动”字样,如果希望使用地面填图处理自动站资料,则不要在说明字符串中包含“自动”。该识别字符串可以在模块安装目录下的配置文件 aws.ini 文件中设置。

该配置文件中包含下面部分,如果没有该部分,则自动使用“自动”字符串识别。

［识别设置］

识别字符串＝自动

如果不希望使用自动站类处理写为第 1 类数据格式的数据,则可以将该值设为一个文件说明中不包含的字符串。

自动站资料显示属性设置如图 5-2-6 所示:

这里包含和地面常规观测资料类似的三线图、统计、监视、要素显示/隐藏、颜色等设置,不同的是增加了分析属性设置,可以设置分析等风速线、降水、露点、气压、温度、相对湿度等要素,还可以设置分析网格点的格点密度和分析区域,由于自动站站点多,可以设置分析指定区域,而不分析全部站点的范围,如果设置区域分析,则使用配置文

图 5-2-6　自动站资料属性设置

169

件中指定的范围进行客观分析并绘制等值线,否则,分析包含全部站点的矩形范围。

配置文件中设置分析范围的部分如下:

[分析范围]

起始经度=115

起始纬度=39

结束经度=117

结束纬度=41

2. 自动站 Z 文件数据显示

自动站 Z 文件显示为填图,每次打开一个文件,因此如果需要同时显示多个站点数据,需要将同一时刻的数据放在一个文件中。

因为 Z 文件中自动站资料内容较多,因此最好仍保留第 1 类数据格式的数据处理常规的地面填图,而自动站数据多数为 6 要素以下,可以使用自动站模块处理,目前自动站资料显示和分析功能较弱,因此将来可能根据业务需要进一步开发该部分的功能。

自动站 Z 文件的属性设置与第 1 类格式自动站数据类似,但增加了一小时雨量显示功能。

5.2.2.3 单要素地面观测资料显示

分析和显示离散点数据(MICAPS 第 3 类数据),如各种站点数据(MICAPS 数据服务器上 surface\p0-p,p3-p,r1-p,r3-p,r6-p,r24-8-p,tmax-p,tmin-p 等目录下的数据)及处理成第 3 类数据格式的闪电定位、加密站雨量资料等。该模块缺省安装在 C:\MICAPS 3\modual\discrete 目录下。

1. 模块设置

该模块缺省配置文件安装在模块安装目录 C:\MICAPS 3\modual\discrete 下,文件名为 discrete. ini。通过修改该文件,可以分级填图显示,不同值使用不同大小、不同颜色字体。

属性设置:可以通过属性窗口设置站点显示、站号显示以及显示小数位数等显示属性,也可以设置分析属性和分析显示,离散点分析提供三种方式:cressman、barnes 和三角网等值线分析,前两种方式是先进行客观分析,再分析等值线,可以绘制填充或线条,三角网等值线分析类似 MICAPS 早期版本的等值线分析功能,只能显示线条,不能显示填充。

三角网分析和客观分析适合不同区域和资料种类,三角网分析精度高、速度快,但不能分析闭合线条并填充显示,在边界和站点分布稀疏有明显差别时效果可能会受影响。客观分析速度慢,尤其是站点数较多时,分析速度明显低于三角网分析,在边界和站点分布明显不均时一般不会出现较大误差。

填图数字大小和颜色选择有多种方式,默认状态是使用分级显示,可以任意分为多个级别,每个级别可以使用不同大小和颜色的数字填写,也可以设置为指定阈值以上或以下不填写数字。

在属性中选择分级设置,出现分级字体大小和颜色设置窗口(图 5-2-7),字体大小可以从下拉框中默认的大小中选择,也可以直接在输入框中输入数字,指定填图数字的大小,点击颜色色块,出现颜色选择对话框,选择颜色后,点击该窗口上"确定"按钮,新的设置即可生效。默认有三种分级模式：降水、温度和通用三种方式，可以自动设置分级值。

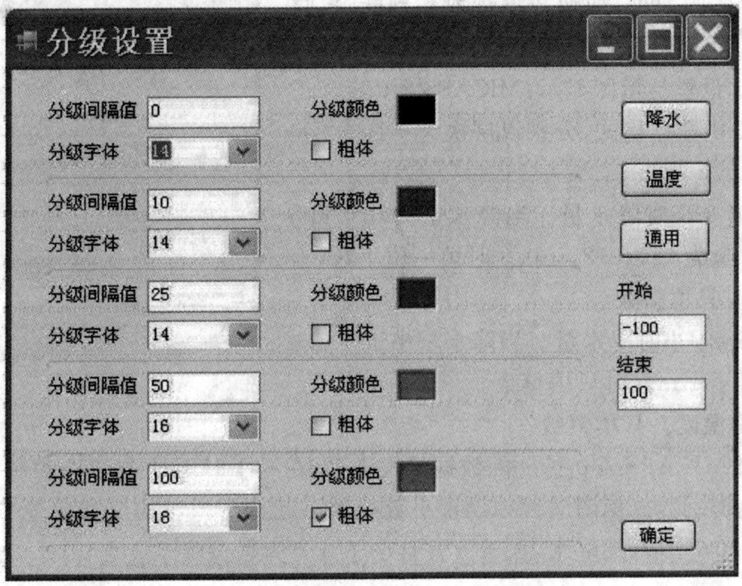

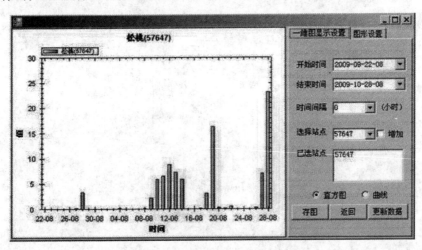

图 5-2-7 字体大小和颜色分级设置

站点变化显示：通过属性设置窗口，可以打开时间变化显示窗口（图 5-2-8）。显示该窗口时，移动鼠标，将显示鼠标所在位置站点的时间变化直方图。

图 5-2-8 离散点数据的时间变化

统计显示：通过属性设置窗口，可以打开统计窗口（图 5-2-9）。显示该窗口时，可以选择统计阈值，显示符合条件的站点数。

行政边界填充：通过属性设置窗口，可设置填图数据按照行政边界填充（图 5-2-10）。一个行政区域内不能有多个站点，如果一个行政区域内有多个站点，则显示的是最后一个站点的数据，填充颜色按照配置文件中给定的颜色级别，分级标准使用配置文件中的分级填图标准。

行政边界使用的系统安装在 C:\MICAPS 3\basicGeoInfo 目录下的文件 countyregion.txt，用户可以使用本省数据更换该文件，第一次使用行政边界填充时，系统需要读入该数据,因此可能会需要 2~3 秒时间,可以通过修改该文件,只使用本省的数据,加快数据读取和判断,提高系统运行效率。

图 5-2-9　离散点数据统计

特殊层数据设置与填图显示:MICAPS 2.0 定义了三类特殊的第 3 类数据格式,分别以层次为—1、—2 和—3 表示。

—1 表示填 6 小时降水量。当降水量为 0.0 mm 时填 T,当降水量为 0.1,0.2,…0.9 时填一位小数,当降水量大于 1 时只填整数。

—2 表示填 24 小时降水量。当降水量小于 1 mm 时不填,大于等于 1 mm 时只填整数。

—3 表示填温度。只填整数。

注意:按照 MICAPS 2.0 扩展的数据格式定义,在 6 小时雨量中,0.0 表示微量降水,而不是无降水,上述类别数据填图属性中设置小数位数不起作用。考虑到实际业务中使用的数据格式,修改为 0.0 时表示无降水,大于 0 并且小于 0.1 为微量降水。

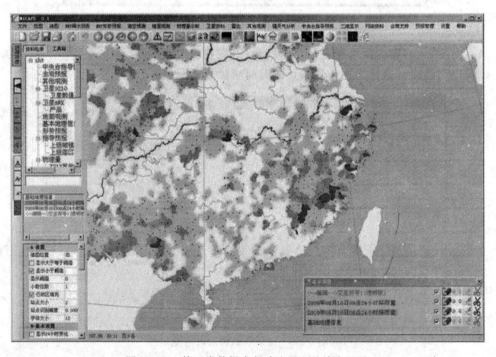

图 5-2-10　第 3 类数据在行政边界上的填充显示

另外,如果不使用上述定义,则 0.1 mm 表示微量降水(为兼容多种在实际业务中使用的数据格式,保留 0.1 表示微量降水的方式)。

目前不同地方使用的数据格式较多,没有完全考虑数据格式定义,虽然填图可能是正确的,但有可能带来数据分析中无法处理的情况,所以应严格按照数据格式定义准备数据。

分析设置:MICAPS 3.1 中提供了第 3 类数据的两种客观分析方法,在属性设置中可以设置分析范围(自动、中国和自定义三种方式)、等值线分析和显示属性等。

快速字体调整：可以使用系统主窗口左侧的字体大小和颜色按钮快速修改该类数据填图字体大小和颜色，使用主窗口字体大小和颜色调整功能将改变所有当前显示的地面填图、离散点填图、高空填图和格点数据填值字体的大小和颜色，再次使用该图层属性中字体大小设置后，则重新设置本层的字体大小和颜色。

2. 单要素地面观测资料分析图形制作

使用该模块的属性设置和基本地图共同设置，可以制作中国区域、分省或自定义区域的填图、分析等图形制作，可以定义输出图形文件中标题、副标题、图例等的显示。

该功能模块的配置文件 discrete. ini 中有"出图设置"部分，用于图例设置。该部分可设置的属性如下：

［出图设置］

主标题＝北京市雨量累加

副标题＝default

副标题 2＝中央气象台

图例单位＝毫米

图例标题＝图例

图例位置 X＝720

图例位置 Y＝160

图例分级名称＝无降水 0.0－2.9 3.0－10.0 10.1－20.0 20.1－30.0 30.1－50.0 50.1－80.0 ＞＝80.1

主标题位置 X＝200

主标题位置 Y＝972

副标题位置 X＝124

副标题位置 Y＝942

副标题位置 2X＝234

副标题位置 2Y＝902

图例边框＝true

主标题的指定可以使用三种方式，如果指定为 default，则为文件中的描述，如果指定为 null，则不显示主标题，设置为其他内容则使用该内容作为主标题。

副标题的指定与主标题类似，使用 null 不显示，使用 default 系统自动产生副标题，使用生成该图的资料日期为标题，如果为其他内容，则设置该内容为标题。

单位设置中如果使用"（摄氏度）"，自动转换为符号℃。

图例中的颜色使用该配置文件中"［填色序列］"中的设置，注意颜色序列、分析线值和图例分级名称的一致，图例分级名称的个数比分析线值要多一个，颜色序列中的第一个颜色是指低于第一个分析线值的区域，一般不使用。

图例的设置和显示也可在图形窗口中显示第 3 类数据时，选菜单"视图"→"显示图例"、"图例设置"子菜单进行操作。

注意：图例和标题位置是指在屏幕上的位置，坐标是 X 为从左到右，Y 为从下到上，单位为像素。

5.2.2.4 WS 报显示

WS 报(重要天气报)有两种显示方式。一种是可以通过点击工具条上的 WS 报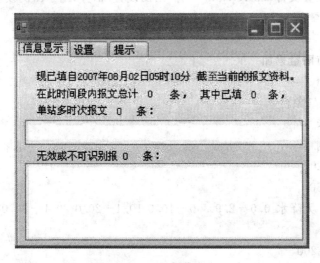按钮，直接监视 WS 报文目录，打开指定时间范围的 WS 报并显示在主窗口上，同时弹出信息窗口(图 5-2-11)，显示无法解释的报文内容。另一种是 MICAPS 3.1(含 MICAPS 2.0)数据处理服务器处理过的重要天气报(含地面天气报重要天气字段内容)，一般存放在数据处理服务器上 surface\special 目录下，可通过文件名检索、综合图检索、参数检索方式打开。下面主要介绍第一种显示方式的模块配置和说明。

图 5-2-11　WS 报信息窗口

1. 模块设置

通过修改配置文件进行配置，配置文件位于安装根目录下的\MICAPS 3\modual\wsfill 目录中，配置文件名为 ws.ini。其中内容如下：

［设置］
文件路径＝H:\pub1\msg
时间范围＝1200
刷新频率＝5
显示范围＝中国
资料获取＝文件
oradb＝User Id＝nmc;Password＝nmcdb;Data Source＝nmcmdb
站表文件＝stations.dat
［监视］
监视状态＝false
监视声音＝false

在当前使用过程中根据具体情况和业务需要只可以修改"文件路径"、"时间范围"、"刷新频率"三项。

各项的具体含义和设置规范如下：

文件路径，是指 WS 报文所在的路径，需提供全路径，如可直接设置为 9210（DVB-S 上）的有关目录 H:\pub1\msg。

时间范围，是设置 WS 报文处理的时间范围，即从当前时刻到之前选定时刻的时间差，表示单位为分钟；需提供正整数。

刷新频率，是设置执行 WS 报文处理的时间间隔，即多长时间处理一次报文资料，时间单位为分钟；需提供正整数。

其他各项目前不可修改。

2. 站表文件配置

站表文件位于安装根目录下的\MICAPS 3\modual\wsfill 目录中，文件名为 station. dat，其中包括全国所有气象观测站点（二级站以上）的信息。用户可根据本地的业务需要更改文件内容，可使站表文件只包含自定义区域内的气象观测站点信息。

3. 功能说明

MICAPS 3.1 运行时，点击系统工具条中的 WS 报 ⬛ 按钮，即开始处理指定 WS 报文目录下的报文资料；根据 WS 报文文件的创建时间，对处于用户配置时间范围内的报文文件进行解报、填图，同时显示信息窗口。

程序运行时，在相隔用户设定的时间之后，或 WS 报文目录下有新的报文进入，则更新填图和信息显示。

4. 报文处理说明

只对站表文件中列出的气象观测站点进行填图。如果某气象观测站在站表文件中没有列出，则该气象观测站发出的 WS 报文在"无效和不可识别报文"文本框中显示。

对同一站点不同时次的报文，按时间由近到远排序，选取最近的报文进行填图，其他的在信息显示窗口中的"单站多时次报文"文本框中显示。

程序对仅是遗漏空格、等号的错报能够实现填图。其他的错报，包括违反中国气象局《重要天气报告电码格式规范》的报文一律在信息显示窗口中的"无效和不可识别报文"文本框中显示。

5. 填图天气符号、填图文本说明

只设计了《重要天气报告电码格式规范》中明确规定的 9 种天气符号，地方规定的天气报告直接填报文（报文中 555xx 字段以后的电码）。

每一站点的填图内容只有两项，一是国家规定发报天气的符号或地方规定发报的重要天气，二是站点站号和观测时分。

各符号及含义以实例说明如下：

24h:98　过去 24 小时降水量 98 mm（经四舍五入取整数处理）

6h:69　过去 6 小时降水量 69 mm

3h:56　过去 3 小时降水量 56 mm

1h:24　过去 1 小时降水量 24 mm

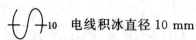

 电线积冰直径 10 mm

 冰雹最大直径 8 mm

 龙卷类型代码为 2，龙卷方位代码为 4

 大风风向 315°，风速 30 m/s

积雪深度 30 cm

注意：WS报显示只能在一个窗口打开，第一次点击 WS 报 按钮，系统打开 WS 报监视窗口，第二次点击则关闭监视，也可以通过文件名检索方式打开 WS 报模块安装目录下的 try. txt 启动 WS 报显示、监视功能。

5.2.2.5　台风路径

可用文件名检索方式打开台风路径数据，显示台风路径（MICAPS 第 7 类数据），可以通过模块安装目录 C:\MICAPS 3\modual\tctrack 下的配置文件 trtrack. ini 设置显示属性。

显示属性设置：通过属性窗口，可以设置台风路径的显示属性，包括线宽、线颜色、标注方式（时间、台风名称或编号等）、风圈显示等。

台风路径动画显示：通过属性窗口可以设置台风路径动画显示，路径动画显示时，从台风生成位置开始逐段绘制路径，绘制完成后，停止动画显示。

5.2.3　任务实施步骤

(1)学生自由分为若干组，每组自行选出一名组长。

(2)组长召集组员学习地面观测资料显示方法的知识准备内容。

(3)每组派一名组员演示地面三线图的制作方法。

(4)每组派一名组员演示地面图要素设置的具体步骤。

(5)每组派一名组员演示地面资料统计（老师可给出阈值）的具体步骤。

(6)每组派一名组员演示强天气显示的具体步骤。

(7)老师检查每组的学习情况，并予以评价、总结。

(8)完成任务工单中的任务。

任务 5.3　高空观测资料显示

5.3.1　任务概述

通过多媒体教学、上机操作、现场指导等方式,使学生掌握高空观测资料的显示内容及方法。主要包括 $TlogP$ 图的显示,并能够通过显示的 $TlogP$ 图,分析测站的层结稳定度;500 hPa、700 hPa、850 hPa 天气图的显示,变温、变压场的显示等,通过这些天气图能很好地分析高空形势,为准确预报提供有利条件。

5.3.2　知识准备

5.3.2.1　高空等压面数据

高空观测资料可用文件名检索、菜单检索、参数检索、综合图检索、拖放数据文件检索等方式打开显示。高空观测实时数据使用 MICAPS 第 2 类数据格式,一般位于 MICAPS 数据处理服务器上的 high\plot 目录下,建议用综合图检索、菜单检索方式较好。

用于显示高空观测资料(MICAPS 第 2 类数据)的模块安装目录为 MICAPS 安装目录\modual\high。

模块设置:该模块的配置文件在模块安装目录下,缺省设置文件为 high. ini。文件内容如下,可以通过改变该文件的内容改变缺省设置。

［HighProperty］
Font＝Times New Roman，11pt
SymbolSize＝2.0
LineWidth＝1

stationIDColor＝Black
tempColor＝Red
heightColor＝Black
t_tdColor＝Black
windColor＝Black
hideTemp＝True
hideHeight＝True
hideTH＝False
hideWind＝True

hideID＝False

hideTD＝true

hideQ＝false

changePeriod＝24

displayDT＝false

displayDH＝false

defaultOA＝highoa. ini

displayOA＝false

属性设置：可以通过属性设置窗口设置的属性有字体、颜色、显示隐藏等部分。

在显示隐藏要素设置中，可以设置基本的观测要素和一些计算量的显示，如可以设置比湿（hideQ）的显示/隐藏状态，如果设置显示，则在打开数据时计算比湿并填图。

在属性中可以设置高空观测的客观分析显示，如果设置 displayOA 为 True，则使用 de-faultOA 指定的配置文件对打开的数据进行分析显示。

注意：线宽和符号大小要一致，系统中进行了限制，如果符号大小小于 1.4，则线宽只能为 1。

5.3.2.2　探空数据及产品显示

1. *TlogP* 图

三种方法打开 $TlogP$ 图数据文件（第 5 类数据格式，一般位于 MICAPS 数据处理服务器上的 high\tlogp 目录下）：

①通过菜单"高空观测"→"$TlogP$"，打开最新 $TlogP$ 图文件。

②通过菜单"文件"→"打开"，弹出"打开文件"对话框，即文件名检索方式检索 $TlogP$ 数据。

③直接拖动最新 $TlogP$ 文件放到主窗口上。

打开 $TlogP$ 文件后，一般直接显示 $TlogP$ 图界面，如果没有显示该界面，可通过选择该图层后，在属性设置窗口中选择"显示 $TlogP$"，即可显示 $TlogP$ 图界面。选择分析站点可在系统主界面图形显示窗口内将鼠标移动到站点位置或在 $TlogP$ 图界面站点选择框下拉列表中选择。探空数据及产品显示模块安装目录为 C：\MICAPS 3\modual\tlnp。

$TlogP$ 图界面分为以下几部分：工具条、风矢端图、物理量列表、显示区、工作页（图 5-3-1），其中显示区显示 $TlogP$ 分析图时还叠加显示 $T-T_d \leqslant 4℃$ 湿度层（绿色层），纵坐标可以显示固定高度层及特殊高度层（如 0℃、−20℃层）的位势高度。另外风矢端图左侧和下面与其他窗口之间的分界条位置可拖动鼠标进行调整，以控制风矢端图窗口的大小。

其中工具条由以下几个按钮组成（图 5-3-2）。

①风速垂直分析图显示与消隐

缺省状态下，风速垂直分析图不显示，单击该按钮后可以显示，如图 5-3-3 所示。风速垂直分析图主要与风矢端图配合分析，线段颜色表示的意义相同，能清楚显示风速大小随高度的变化。

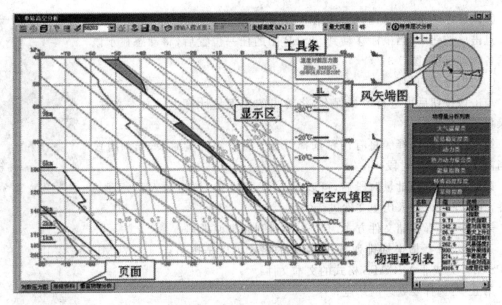

图 5-3-1　*TlogP* 图界面

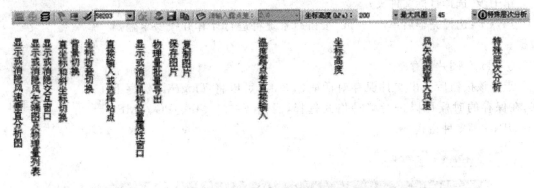

图 5-3-2　*TlogP* 工具条

②辅助窗口显示与消隐

单击该按钮后可以进行辅助窗口的显示切换。辅助窗口包括风矢端图（图 5-3-10）和物理量列表（图 5-3-11）。

③交互窗口显示与消隐

单击交互窗口显示切换按钮后可以显示交互窗口（图 5-3-4）。该窗口由图层列表、属性框、抬升方式选择列表组成。在图层操作中可以显示或消隐各种图层，如显示和消隐等饱和比湿线。在选中任一图层后还可以改变该图层的一些特征值。

如选择坐标网图层后可以显示隐藏图层，或在属性框中改变坐标的一些设置，如显示折叠 *TlogP* 图（图 5-3-5）等。

还可以选择不同的抬升方式或直接在"指定层"输入框中输入相应层次（图 5-3-6），以进行比较分析，使得结果更有针对性。

④坐标直斜转换

主要用于 *TlogP* 图坐标转换，一般国内使用缺省状态下的坐标即可。

⑤鼠标浮动帮助窗口显示与消隐

点击该按钮后,当鼠标移动到 $TlogP$ 图的任一位置后,将动态显示该点的各物理量值(图 5-3-7)。

⑥数据导出向导

单击该按钮后可进行数据保存,将算出的物理量计算生成文本文件。其操作如图 5-3-8:

第一步:时段选择。将有两种选择。当前时段和批量时段,当前时段即当前 $TlogP$ 图的时段;

第二步:当选择批量时段后,可以单击"选择文件"按钮加入要处理的文件,在这里可以加入历史文件进行处理;

第三步:选择存储文件方式,有按站点排列和日期排列;

第四步:选择横坐标排列方式,保存的格式可以是按站点排列的 MI-CAPS 第 3 类或非 MICAPS 格式的文本文件;

第五步:选择要处理的站点;

第六步:选择要处理的物理量;

第七步:选择目标文件夹;

第八步:选择完毕后单击"完成"按钮后系统将进行计算并按要求输出数据。

⑦$TlogP$ 图片保存

点击该按钮后弹出文件保存对话框(5-3-9),可以将 $TlogP$ 图保存下来,在保存的时候可以进行多种格式选择,目前支持 WMF、JPG、BMP、GIF、PNG 等多种格式。

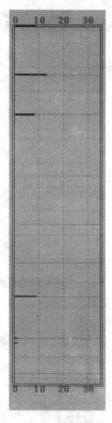

图 5-3-3　风速垂直分析图

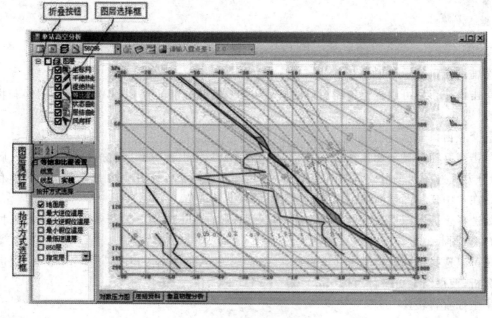

图 5-3-4　$TlogP$ 交互窗口

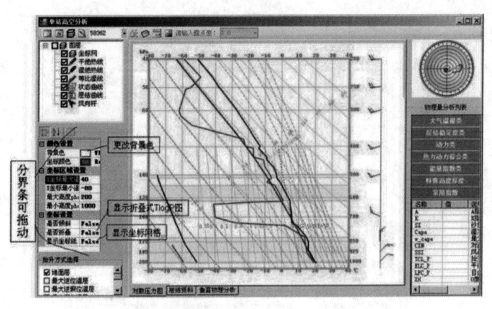

图 5-3-5 折叠 $TlogP$ 图显示（200 hPa 以上层次折叠显示）

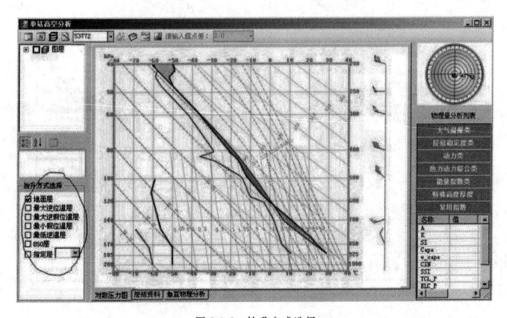

图 5-3-6 抬升方式选择

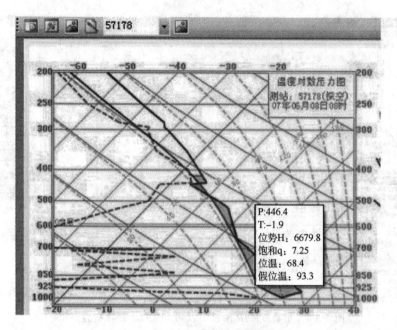

图 5-3-7　鼠标位置物理量显示

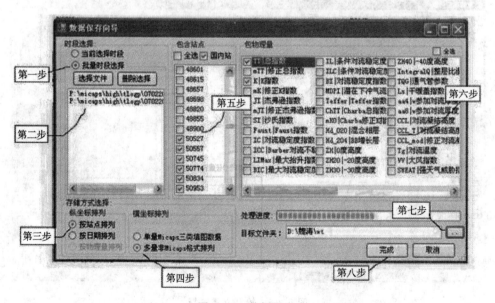

图 5-3-8　数据导出

图 5-3-9　图片保存

⑧输入动态露点差按钮(动态抬升按钮)

缺省状态下,露点输入框是灰色的,不能输入。点击该按钮后,可在输入框中选择或输入露点值(非负整数),同时激活抬升面动态抬升功能。在 $TlogP$ 界面显示区将按照鼠标位置处的高度层、温度、温度与输入的露点之差值决定的抬升点进行动态分析,非常灵活方便。

⑨特殊层次分析

点击工具条上的特殊层次分析或在显示区域点击鼠标右键都可以显示特殊层次分析菜单(右键菜单上还包含更多功能菜单),这里包含六个选项:显示湿层、显示不稳定层、显示下沉有效位能(600 hPa 开始)、显示下沉有效位能(最小位温开始)、显示冰相层、显示逆温层,选择任何一项后,可以在当前显示区域显示该层次,不同层次使用不同颜色。

2. 高空风分析图(风矢端图)

风矢端图由风向刻度、风矢端线、速度圈三部分组成。

鼠标左键点击单站高空风矢端图后,风矢端图会自动放大,以方便分析,再次点击,图像大小可恢复至原始大小。

单站高空风图是一种特制的极坐标图。由极点辐射出许多条直线,以度量风的风向,各直线的端点标有风的去向的方位(以度数表示),以极点中心画出很多同心圆,以度量风速大小(以 m/s 表示)。

图 5-3-10 中,圆点为起始点,红线段(实线)表示风向随高度顺时针旋转为暖平流,蓝线段(虚线)表示风向随高度逆时针旋转为冷平流。每个点的高度标值,如 500hPa、700hPa 等。颜色的深浅表示层次的高低,深色代表低层,浅色代表高层。

用法参考如下:

①确定冷暖平流

图中红线段表示热成风暖平流,蓝线段表示热成风冷平流。

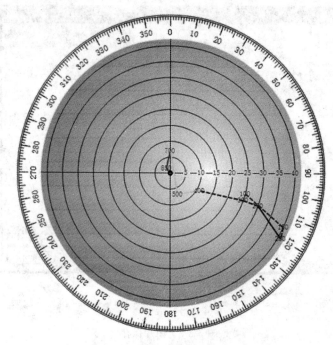

图 5-3-10　风矢端图

②判断大气稳定度

当低层有暖平流,高层有冷平流时不稳定度增加。反之,稳定度增加。也就是低层红线、高层蓝线。

还可以判断不同方位上的不稳定度。一种判断方法是首先根据低层的冷暖平流将低层大气分为冷区和暖区(主要根据风的去向和冷暖线段结合判断)。再将根据高层的冷暖平流分为冷区和暖区。然后根据高低层不同冷暖区的叠合,可分出(高冷/低冷,高冷/低暖、高暖/低冷、高暖/低暖)4个区。这4个区中高冷/低暖的稳定度最小,高暖/低冷的稳定度最大,其余2区稳定度介于两者之间。根据4个区的方位就可初步判断测站不同方位的稳定度。

③判断锋面

判定方法通常分三步:

第一步,看有无较大的热成风层次,如有,则有可能有锋区存在该层,也就是图中小线段的长度;

第二步,由垂直于热成风的地转风分速的大小,估计锋的移动速度。进而分清是冷锋、暖锋还是静止锋;

第三步,判明该层是冷平流还是暖平流,以确定是冷锋还是暖锋。

④分析测站附近气压系统

不同的气压系统内,风随高度变化是不同的,在同一气压系统的不同部位,风随高度变化也不同,根据当时的高空风图,可以大致判明测站附近气压系统的形式及其空间结构。

⑤其他应用

根据高空风矢端图还可判断大气层结的螺旋度、对流单体的移向移速等。

3. 各种物理参数计算

物理量列表分为大气温湿类、层结稳定度类、动力类、热力动气综合类、能量指数类、特殊高度厚度类,点击物理量分类名称可以打开显示该类物理量的显示列表(图 5-3-11)。

可以拖动物理量列表左边拦,将辅助窗口拉宽或将风矢端图拉大。

单击物理量名可以在地图上显示多站物理量值(图 5-3-12)。

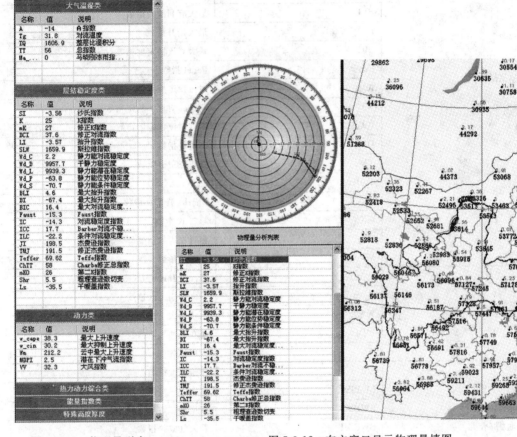

图 5-3-11 物理量列表   图 5-3-12 在主窗口显示物理量填图

系统提供以下参数计算列表输出结果,如表 5-3-1 所示。

表 5-3-1 *TlogP* 模块计算的物理量参数(共 68 种)

	A	A 指数
大气温湿类	Tg	对流温度
	TQ	整层比湿积分
	TT	总指数
	SI	沙氏指数
	K	K 指数
层结稳定度类	mK	修正 K 指数
	DCI	修正对流指数
	LI	抬升指数

层结稳定度类	SLW	斯拉维指数
	Wd_C	静力能对流稳定度
	Wd_D	干静力稳定度
	Wd_L	静力能潜在稳定度
	Wd_P	静力能位势稳定度
	Wd_S	静力能条件稳定度
	BLI	最大有利抬升指数
	BI	最大抬升指数
	BIC	最大对流稳定度指数
	Faust	Faust 指数
	IC	对流稳定度指数
	ICC	Barber 对流不稳定指数
	ILC	条件对流稳定度指数
	JI	杰费逊指数
	TMJ	修正杰费逊指数
	Teffer	Teffer 指数
	ChTT	Charba 修正总指数
	mK0	第二 K 指数
	Shr	粗理查森数切变
	Ls	干暖盖指数
动力类	w_cape	最大上升速度
	w_cin	最大抑制上升速度
	Wm	云中最大上升速度
	MDPI	潜在下冲气流指数
	VV	大风指数
热力动力综合类	SSI	风暴强度指数
	SWISS00	瑞士第一雷暴指数
	SWISS12	瑞士第二雷暴指数
	SWEAT	强天气威胁指数
	TQG	通气管参数
	SRH	风暴相对螺旋度
	Dm	经验估计最大雹块直径
能量指数类	CAPE	对流有效位能
	CIN	抑制有效位能
	GCAPE	归一化有效位能
	EHI	能量螺旋度
	BRN	粗查理森数
	WCAPE	伪 CAPE

	Dc	Doswell 云的厚度
	aa4	参加对流厚度
	aa8	参加对流厚度
	ZH	0℃层高度
	−20H	−20℃层高度
	−30H	−30℃层高度
	TCL_P	抬升凝结高度
	TCL_T	抬升凝结处温度
	ELC_P	平衡高度
	ELC_T	平衡高度处温度
特殊高度厚度	LFC_P	自由对流高度
	LFC_T	自由对流高度处温度
	CCL_P	对流凝结高度
	CCL_T	对流凝结高度处温度
	CCL_mod	修正对流凝结高度
	YDC_P	理论云顶高度
	YDC_T	理论云顶高度处温度
	Wd_EL	不稳定 CAPE 处宽度
	Ld_EL	不稳定 CAPE 处长度
	Hd_020	混合相层 BB 增长层
	Hd_204	BB 增长层

4. 探空层结资料

单击窗口左下端"层结资料"按钮后可查看各站的层结资料报告(图 5-3-13)。

该报告不仅包括了实况报文资料,还计算了各层比湿、饱和比湿、相对湿度、凝结函数、位温、假相当位温、虚温、静力温度等。还计算了一些特殊层的资料,如 TCL(抬升凝结高度)、ELC(平衡高度)、LFC(自由对流高度)、YDC(理论云顶高度)、CCL(对流凝结高度)、ZH(0℃层高度)、−10H(−10℃层高度)、−20H(−20℃层高度)等。

5. 垂直物理量分析图

单击窗口左下端"垂直物理分析"按钮后可进行垂直物理量分析。

该分析有垂直水汽分析、垂直位温分析、静力温度分析、相对湿度分析、垂直凝结函数分布、假湿球温度分布、能量线(图 5-3-14,图 5-3-15,图 5-3-16,图 5-3-17)。

各物理量之间还可以进行比较分析。如当比湿和饱和比湿线接近时说明相对湿度大,远离时相对湿度小。当垂直位温图的斜率呈负增长时气块不稳定等。

点击雷雨顺能量线后如图 5-3-17 所示。图上画出干静力温度线、湿静力温度线、饱和湿静力温度线、能量平衡高度。图中填充区域(实际操作中为红色区域)为不稳定能量,横线区为启动能量,斜线区为潜热能,点线区为饱和能差。用法参考如下:

当 pe 点即能量平衡高度较高,红色区域(也就是不稳定能量区域)大时,易出现对流天气;

层号	层次	T	Td	T_Td	高度	风向	风速	比湿	饱和比湿	相对湿度	水汽压	凝结函数	位温
1	1007	30	26	4	-	180	2	21.04	26.65	0.79	42.46	8.56	29.4
2	1000	29	26	3	70	180	3	21.19	25.31	0.84	40.06	8.69	29
3	925	24	22	2	760	210	6	17.98	20.32	0.89	29.86	8.13	30.7
4	919	24	22	2	817	-	-	18.1	20.46	0.89	29.86	8.24	31.2
5	894	24	18	6	1058.3	-	-	14.5	21.04	0.69	29.86	6.91	33.6
5	850	21	17	4	1500	225	9	14.31	18.41	0.78	24.89	7.22	35
7	819	18	16	2	1817.6	-	-	13.93	15.84	0.88	20.65	7.33	35.1
8	715	14	6	8	2978.7	-	-	8.18	14.03	0.58	16	5.19	42.9
8	700	13	4	9	3160	210	8	7.26	13.43	0.54	14.99	4.76	43.7
9	500	-4.9	-16.9	12	5900	215	6	1.7	5.01	0.34	4.02	1.75	53.8
11	464	-8.9	-22.9	14	6476	-	-	1.03	3.81	0.27	2.84	1.18	55.8
12	400	-15.9	-29.9	14	7620	195	5	0.59	2.34	0.25	1.5	0.81	61.0
13	320	-23.9	-37.9	14	9264.4	-	-	0.31	1.35	0.23	0.7	0.56	71.9
14	300	-27.9	-41.9	14	9740	65	4	0.21	0.96	0.22	0.46	0.41	72.7
15	266	-38.9	-50.9	12	108...	-	-	0.08	0.34	0.24	0.14	0.2	72.8
16	250	-39.9	-50.9	11	11020	80	4	0.08	0.31	0.27	0.13	0.21	73.45
17	200	-51.9	-60.9	9	12500	75	9	0.03	0.09	0.3	0.03	0.09	77.2
18	150	-66.9	-	-	14300	80	11	-	0.02	-	0	-	81.5
19	127	-74.9	-	-	152...	-	-	-	0.01	-	0	-	84.3
20	102	-83.9	-	-	165...	-	-	-	0	-	0	-	90.2
21	100	-83.9	-	-	16650	60	16	-	0	-	0	-	92.2
TCL	947	25.5	23.2	2.3	552	-	-	18.91	21.74	0.87	32.67	8.3	30.2
ELC	103	-83.5	-	-	164...	-	-	-	0	-	0	-	89.9
LFC	997	28.8	25.8	3	96.6	-	-	21.06	25.11	0.84	39.64	8.67	29.0
YDC	99	-	-	-	-	-	-	-	-	-	-	-	-
CCL	936	24.8	22.6	2.2	655.4	-	-	18.45	21.03	0.88	31.24	8.21	30.4
ZH	555.6	0	-11.1	11.2	5138.9	-	-	2.62	6.87	0.38	6.11	2.35	50.0
-10H	454.9	-9.9	-23.9	14	6539.4	-	-	0.95	3.56	0.27	2.6	1.12	56.5
-20H	360	-19.9	-33.9	14	8442.2	-	-	0.43	1.78	0.24	1.03	0.67	65.91
-30H	292	-29.9	-43.5	13.6	9942.5	-	-	0.18	0.8	0.22	0.38	0.36	72.61

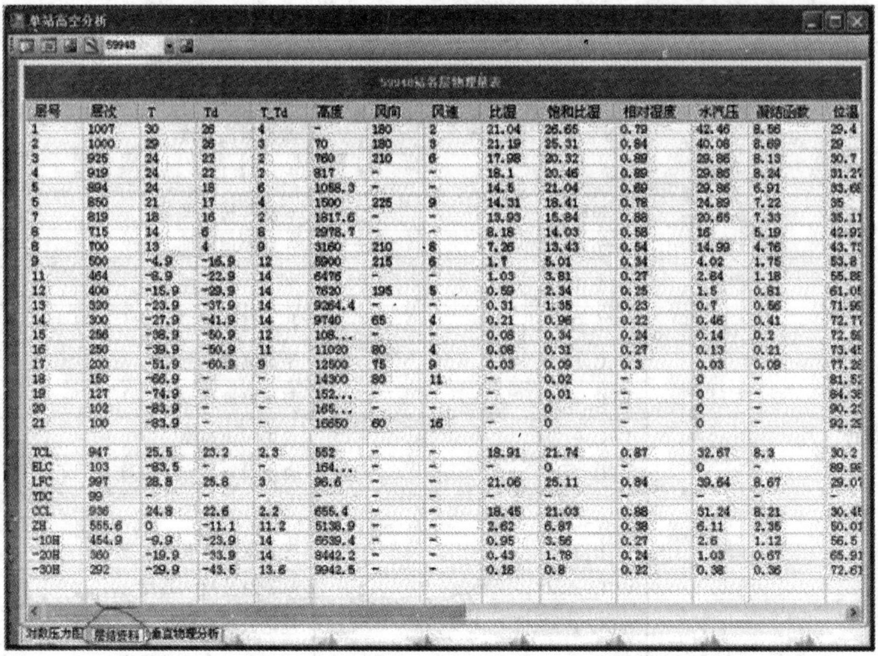

图 5-3-13　探空层结资料列表显示

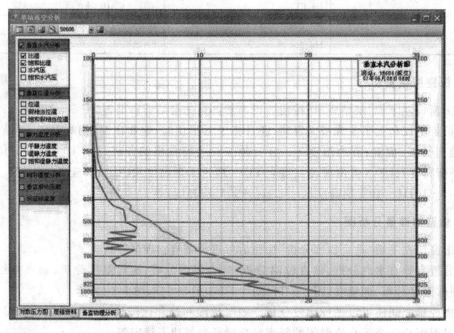

图 5-3-14　垂直水汽分析

当潜热能大，饱和能差小时，整层大气中的水汽更接近饱和；

当 $T\sigma/P<0$（$T\sigma$：湿静力温度，P：气压）时大气不稳定，在图中也就是当湿静力温度线随高度增加减小时，气层不稳定。从图中可直观看出不稳定层次。当不稳定层次厚度较厚且饱和能差小时易出现对流和强降水天气；

　　启动能量表征了要使潜在不稳定能量变成现实有用的能量,外界应提供的能量。启动能量过大,则不易发生对流,过小则不利于积累不稳定能量,只有适当才最有利发生强对流。

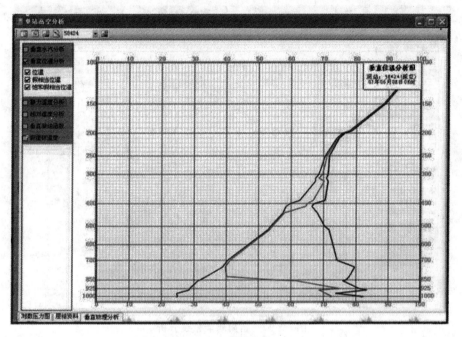

图 5-3-15　垂直位温分析

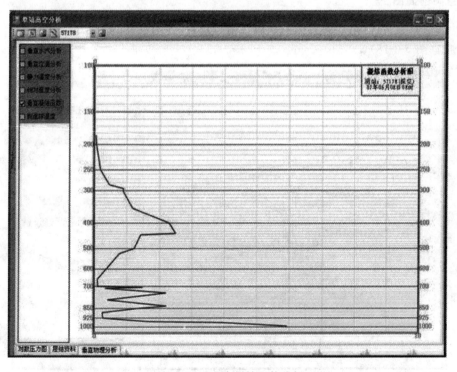

图 5-3-16　垂直凝结函数分析

当干静力温度线、湿静力温度线、饱和湿静力温度线三条线整体数值较偏右，也就是整体数值较大时，能量高，易出现不稳定天气，偏左时，能量低，不易出现不稳定天气。

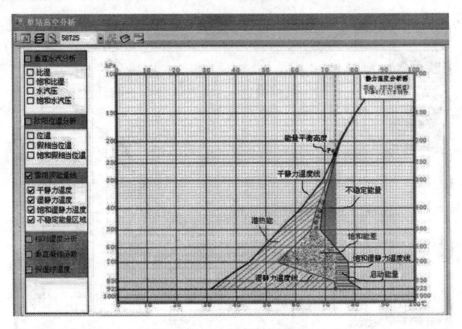

图 5-3-17　雷雨顺能量线分析

6. 空间剖面图

打开探空数据文件（第 5 类数据），在属性窗口选择"显示剖面"属性为"true"，打开空间剖面显示窗口（图 5-3-18）。

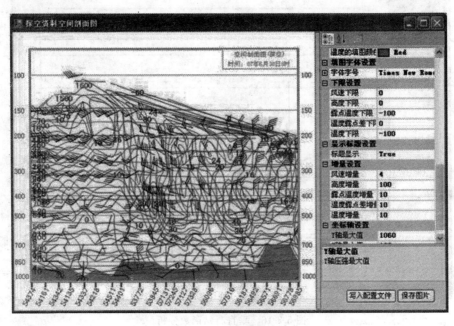

图 5-3-18　空间剖面图

190

显示空间剖面时,可以通过左键在主窗口单击选择剖面(选择点数最多不超过 20 个),单击右键结束选择,显示空间剖面。

在空间站点剖面图右侧有属性设置栏,也可根据需要修改设置。可以选择填图要素(风、温度、高度、露点)、分析线条(等风速线、温度、高度、温度露点差)以及要素的分析间隔,也可以选择线条颜色。修改属性后,可以点击"写入配置文件"保存选择的属性。

点击"保存图片"按钮可以保存绘制的剖面图为图像文件,系统支持保存 BMP、GIF、PNG、JPG 和矢量 WMF 格式文件。

7. 时间剖面图

打开探空数据文件(第 5 类数据),在属性窗口选择"显示时间剖面"属性为"true"后,将弹出时间剖面图窗口,如图 5-3-19 所示。在图形显示窗口区内 $TlogP$ 数据站点上用鼠标点击要作时间剖面图的站点,在弹出的时间剖面图右侧下方选择时间段,然后点击"绘制"按钮,则显示该站点时间剖面分析图。

显示属性与空间剖面图类似,时间剖面图也可以保存为图像文件。

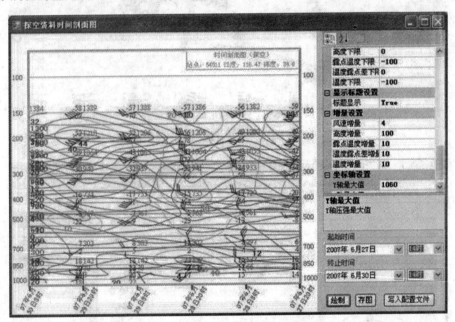

图 5-3-19 时间剖面图

5.3.2.3 AMDAR 资料显示

1. 数据格式定义

MICAPS 1.0 和 2.0 版没有定义 AMDAR(Aircraft Meteorological Data Relay,飞机气象资料下传)资料格式,因此,MICAPS 3.1 为 AMDAR 数据定义了第 31 类数据格式。

2. 数据显示

打开第 31 类数据,显示 AMDAR 资料填图(图 5-3-20)。由于 AMDAR 资料范围大,多数资料位于国外,可以在配置文件中设置默认显示范围,也可以在打开数据后,在属性设置中设置显示范围。

可以在属性中选择显示温度、风、垂直速度、湍流强度等要素。在属性中设置"探空"属性值为 true,则显示探空图(图 5-3-21)。

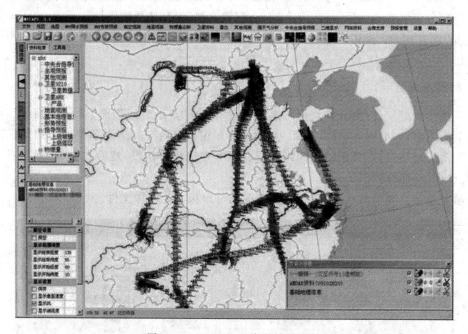

图 5-3-20　AMDAR 资料填图显示

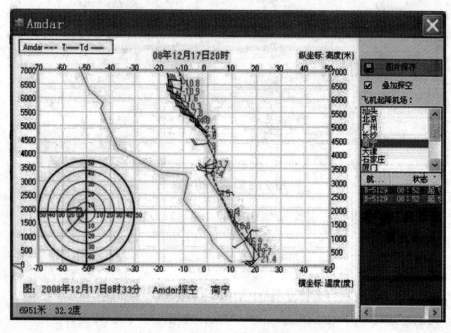

图 5-3-21　AMDAR 资料探空曲线显示

如果存在同时刻的气象探空资料(第5类数据),则可以通过选择"叠加探空"实现探空与AMDAR资料探空的叠加显示,选择"叠加探空"后,再选择航班号刷新显示才能显示叠加,图片上方显示的是探空的时间,下方显示的AMDAR资料的时间和机场名称。如图5-3-21 AM-DAR资料与探空资料叠加显示。

AMDAR和高空数据均使用固定格式的数据文件名称定义方式,并在配置文件中设置探空数据(第5类格式数据)文件存放路径,才能找到正确的文件进行叠加,部分数据服务器上有02时和14时探空数据,该时刻探空站点较少,可能无法找到合适的站点显示,因此可以在参数配置文件中设置不使用这两个时刻的探空数据。

5.3.3 任务实施步骤

(1)学生自由组成若干组,每组自行选出一名组长。

(2)组长召集组员学习高空观测资料显示方法的知识准备内容。

(3)各组派一名组员演示 $TlogP$ 图的操作步骤。

(4)学会显示高空观测资料。

(5)学会制作空间剖面图与时间剖面图。

(6)老师检查每组的学习情况,并予以评价、总结。

(7)完成任务工单中的任务。

任务 5.4　格点数据和模式产品显示

5.4.1　任务概述

通过多媒体教学、上机操作、现场指导等方式，使学生掌握格点数据和模式产品的显示方法，会制作空间剖面图、时间剖面图等。

5.4.2　知识准备

5.4.2.1　等值线显示

格点数据分析显示包括地面气压场、高空各层高度场、温度场及大部分的模式产品。显示格点数据(通用标量格点场)等值线分析(MICAPS 第 4 类数据)的模块安装目录为 C:\MICAPS 3\modual\diamond14，缺省配置文件为 isoline.ini，系统同时提供了其他几个配置文件，缺省配置文件默认显示为显示分析的等值线，isoline_line_dig.ini 文件默认显示线条和填图，isoline_dig.ini 默认只填值而不分析线条。可以通过修改配置文件改变缺省配置。

下面介绍等值线层属性设置。

调用第 4 类数据显示后，用户可通过该图层属性控制显示方式。属性可以直接在属性窗口的属性栏中设置(见图 5-4-1)，也可通过显示设置窗口中点击“显示图层属性”按钮，在弹出的“等值线属性设置”对话框中设置(见图 5-4-2)。

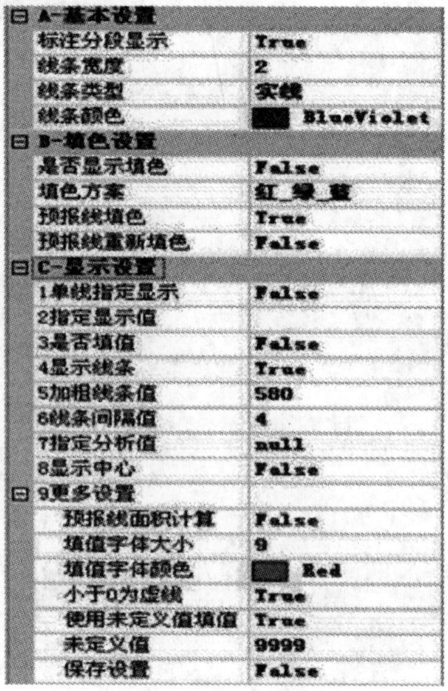

⊟ A-基本设置	
标注分段显示	True
线条宽度	2
线条类型	实线
线条颜色	BlueViolet
⊟ B-填色设置	
是否显示填色	False
填色方案	红_绿_蓝
预报线填色	True
预报线重新填色	False
⊟ C-显示设置	
1单线指定显示	False
2指定显示值	
3是否填值	False
4显示线条	True
5加粗线条值	580
6线条间隔值	4
7指定分析值	null
8显示中心	False
⊟ 9更多设置	
预报线面积计算	False
填值字体大小	9
填值字体颜色	Red
小于0为虚线	True
使用未定义值填值	True
未定义值	9999
保存设置	False

图 5-4-1　等值线属性窗口

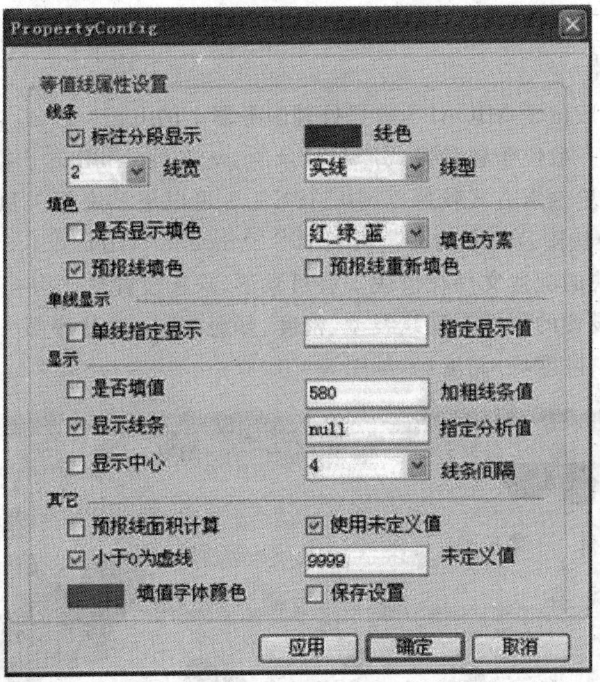

图 5-4-2 等值线属性设置对话框

用户可根据自己的习惯选择使用哪种方式来设置该图层的等值线属性。属性设置:通过该类的属性窗口,可以设置等值线显示的多种属性,如填色、填色方案、填值、线条颜色、线条宽度、单线显示(仅显示指定值的线条,需要该值被分析,且存在线条,否则无法显示)、重新设定分析间隔等。

属性框中的属性设置可通过在某属性上双击鼠标左键来选择下一个选项值,也可通过下拉框来选择下一个选项,或者直接输入字符来设定属性。属性对话框中的属性含义与属性框中是一致的。

属性框中"标注分段显示"属性可使等值线上相隔固定距离标上数值,在图像进行缩放后,也许标注的相隔距离不满足最初要求,可在此属性上通过双击鼠标左键两次,来重新标值。

属性框中"预报线填色"属性设为"true"时,可将显示的预报线填色,若对预报线进行交互操作(添加、删除、修改、移动)后,在"预报线重新填色"属性上双击鼠标左键,可重新显示预报线填充的效果。

属性框中"单线指定显示"属性设为"true"时,图中显示的等值线,可按"指定显示值"框中设置的值所对应的等值线来显示。属性框的"指定显示值"中可设定多个数值,数值可用空格或逗号进行分隔。

属性框中"加粗线条值"和"指定分析值"分别是按所设定的值,加粗显示线条或重新显示所设分析值的线条。数值设定方法是在框中可设定多个数值,数值可用空格或逗号进行分隔。

调用的第 4 类数据的数值可通过将属性框中"是否填值"设为"true",来显示各对应点的数值。所填数值的字体大小和字体颜色可通过更多设置中的"填值字体大小"和"填值字体颜色"来设置。也可通过图组窗口和字体控制工具条上的字体放大、缩小、字色、字号按钮 来设置。

5.4.2.2　流线显示

流线实时数据一般位于 MICAPS 数据处理服务器上的 high\uv 或 surface\uv 目录下,模式产品中的流线数据一般位于各种模式产品目录的 uv 或 streamline 子目录下,建议用文件名检索、综合图检索、菜单检索方式较好。MICAPS 3.1 可以显示通用矢量格点数据的流线(第11 类数据格式),该模块安装目录为 C:\MICAPS 3\modual\streamline。

模块设置:该模块的配置文件在模块安装目录下,缺省设置文件为 streamlineset.ini。

属性设置:可以设置的属性有流线线型、密度、颜色、显示隐藏等部分,同时可以在流线上叠加分析等风速线场、散度场、涡度场,见图 5-4-3。

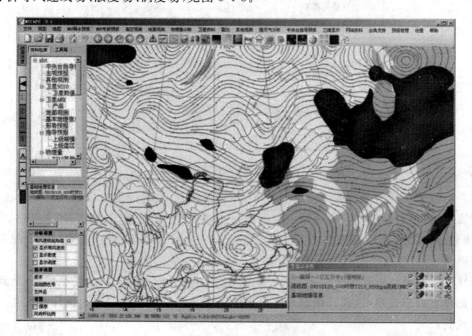

图 5-4-3　流场分析图

5.4.2.3　模式产品剖面图制作

点击工具条上的格点剖面制作█按钮,生成一个格点剖面图层,同时显示空间剖面图窗口(如果没有出现剖面窗口,可以选择格点剖面图层,在属性中设置显示剖面图窗口值为true,显示空间剖面图窗口)。

1. 剖面图设置

模式剖面图模块安装目录为 C:\MICAPS 3\modual\numsection,该目录下包括两个配置文件:spacesection.ini 和 timesection.ini。

spacesection.ini 为空间剖面配置文件,可以设定资料目录、数据显示范围、剖面显示的属性等,timesection.ini 为时间剖面配置文件,除上述设置外,还可以设置时间剖面最长时间限制等。

2. 空间剖面图显示

在格点剖面属性中选择显示空间剖面窗口后,弹出空间剖面图窗口,可以在空间剖面显示窗口中选择资料路径,气象要素列表框将显示该目录下的所有子目录,选择要素(即该目录下的子目录名)后,文件列表框显示该子目录下最低层包含的文件名列表,选择一个文件后,用鼠标左键在主窗口地图上选择两个点,使用该两点的连线制作空间垂直剖面(图5-4-4)。

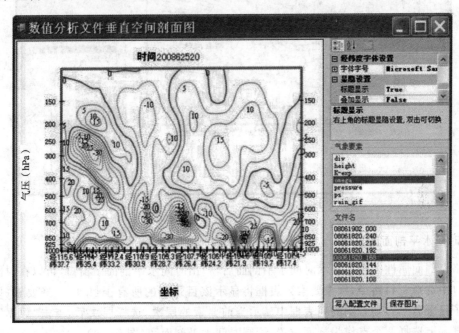

图 5-4-4　格点剖面图显示

除了在工具条上点击剖面图制作按钮弹出剖面图制作窗口外,也可以直接打开 MICAPS 定义的第 18 类格式数据文件,直接生成剖面图(打开方式与其他格式数据相同),MICAPS 3.1 对第 18 类数据格式进行了扩展,在文件名中可以使用时间通配符,可以使用相对或绝对路径。

3. 时间剖面图显示

在格点剖面属性窗口中选择显示时间剖面后,弹出时间剖面图窗口,可以在时间剖面显示窗口中选择资料路径,气象要素列表框将显示该目录下的所有子目录,选择要素(即该目录下的子目录名)后,文件列表框显示该子目录下最低层包含的文件名列表,选择一个文件后,修改属性设置中"选点经度"和"选点纬度"设定制作时间剖面的位置,点击"绘制"按钮,绘制时间剖面图(图5-4-5)。

如果需要更改剖面的位置,重新设置属性设置中"选点经度"和"选点纬度"值,点击"绘制"按钮,刷新显示即可,也可以直接在主窗口中点击鼠标左键选择剖面点的位置。

选择的终止时间是绘制剖面时分析场使用的最后时间,可以选择时间间隔和预报延长时段(小时)绘制预报场的剖面,绘制时终止时间以前的数据使用分析场,终止时间到预报延长时效的数据使用预报场,预报场和分析场的时间间隔需要相同。

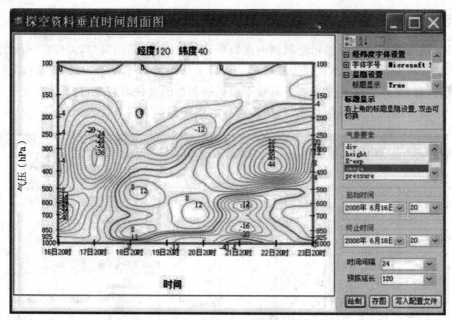

图 5-4-5　格点时间垂直剖面图显示

4. 时间水平剖面图显示

在格点剖面属性中选择显示时间水平剖面后,弹出时间水平剖面图窗口,可以在时间剖面显示窗口中选择资料路径,气象要素列表框将显示该目录下的所有子目录,选择要素(即该目录下的子目录名)后,则右侧的列表框中显示当前要素的层次,选择层次后,点击"数据"按钮,然后在屏幕上选择两个点作为剖面位置,绘制时间水平剖面图(图 5-4-6)。

如果需要更改剖面的位置,重新在屏幕上选择两个点既可。

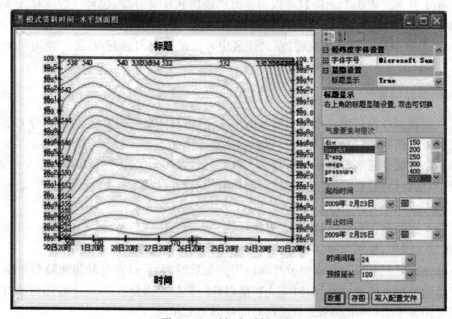

图 5-4-6　时间水平剖面图

5.4.3 任务实施步骤

(1)学生自由分为若干组,各组自行选出一名组长。

(2)组长召集组员学习模式产品显示方法的知识准备内容。

(3)完成各种模式产品显示的具体步骤。

(4)老师检查每组的学习情况,并予以评价、总结。

(5)完成任务工单中的任务。

任务 5.5　交互编辑与预报制作

5.5.1　任务概述

通过多媒体教学、上机操作、现场指导等方式,使学生学会添加天气符号、天气系统符号,添加等值线、添加其他交互制作符号,修改等值线,编辑等值线标值,添加文字说明,添加天气区域和闭合区域符号、高低值标志字符,移动或删除线条和符号等操作,为做出预报提供条件。

5.5.2　知识准备

5.5.2.1　线条、符号的编辑及交互工具的使用

提供交互的符号有天气符号(雨、雪、风、雷暴等)、天气系统符号(槽线、锋面等)、等值线、等值线标值、文字说明、天气区域(雨区、雪区等)、闭合区的填充、高低值标志等。提供的交互操作有:符号的创建、删除、移动等,线条符号的添加、删除、移动和修改等,以及各种操作的撤销。所有符号的操作都是在交互层中处理的。

1. 交互层的建立和工具说明

• 要进行符号和线条等的交互操作,首先建立图形交互符号层。可选择菜单"文件"→"新建"→"交互符号",也可以使用工具条的新建按钮。

• 在左边的"图层数据属性控制"选项栏中,用鼠标左键选中"交互符号"层,再选择"工具箱",则出现如下工具箱画面(图 5-5-1)。

工具箱中各图标的含义如下:

以上图标分别表示:无风、2～3 级风、3～4 级风、4～5 级风、5～6 级风、6～7 级风、7～8 级风、8～9 级风、9～10 级风、10～11 级风、11～12 级风。

左侧图标分别表示:小雨、中雨、大雨、暴雨、大暴雨、特大暴雨。

左侧图标分别表示:阵雨、轻冻雨、冻雨、雨夹雪。

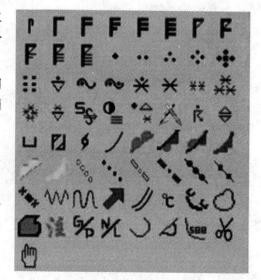

图 5-5-1　工具箱

左侧图标分别表示：小雪、中雪、大雪、暴雪、阵雪。

为沙尘天气复选图标，通过下拉列表框可以分别选择表示：浮尘、扬沙、轻沙暴、沙暴。

为天空状况或雾霾天气复选图标，通过下拉列表框可以分别选择表示：晴天、多云、阴天、轻雾、雾、烟、霾。

为单点符号复选图标，通过下拉列表框可以分别选择的符号有：实心圆、空心圆、星号、三角、实三角、方形、实方形。

左侧图标分别表示：雷暴、冰雹、霜冻、旋转风、台风。

图标表示计算闭合线（预报线）面积。

左侧图标分别表示：槽线、暖锋、锢囚锋、静止锋、冷锋、过去12小时暖锋、过去12小时冷锋。

左侧图标分别表示：箭头符号、双实线、35℃温度线、霜冻线、闭合线、文字说明或标注。

左侧图标分别表示：高低值中心G或D、冷暖中心N或L。

此图标为填充区域制作，包括各种图案的区域填充及气象填充区：雨区、雪区、雷暴区、雾区、大风区、沙暴区。

左侧图标分别表示：添加等值线、修改线条（包括等值线、槽线、锋面等线条符号）、添加或修改等值线标值。

此图标可用于各种符号和线条的移动或删除。

此图标可用于图像的漫游。

2. 添加天气符号

可添加的天气符号如下所示：

要添加天气符号，可先在图层栏上用鼠标左键选中符号所在的层，或建立交互符号层（可参见交互层的建立）来画符号，其中浮尘、扬沙、轻沙暴、沙暴、晴天、多云、阴天、轻雾、雾、烟、霾天气符号要通过下拉列表框选择。

（1）添加常用天气符号
- 选择工具箱上相应的符号图标。
- 把光标移到要标符号的位置上。
- 单击鼠标左键。

（2）添加风标符号
- 选择工具箱上相应的风符号图标。
- 把光标移到要标符号的位置上。
- 单击鼠标左键，并移动鼠标，这时会出现风向的角度值，可在希望的角度上再单击鼠标左键。

3. 添加天气系统符号

可添加的天气系统符号如下所示（槽线、暖锋、锢囚锋、静止锋、冷锋、35℃温度线、霜冻线、闭合线）：

要添加天气系统符号，可先在图层栏上用鼠标左键选中符号所在的层，或建立交互符号层（可参见交互层的建立）来画符号。

- 选择工具箱上相应的符号图标。
- 单击鼠标左键确定线条符号上的各初始点。
- 单击鼠标右键确认相应符号的添加。

线条属性	
线宽	3
线色	Brown
线型	实线

- 其中槽线符号 ╱，可在属性框中 选择颜色、线宽和线型。
- 其他符号可在属性框中选择线宽。

4. 添加其他交互制作符号

可添加的交互制作符号如下所示（箭头符号、双实线、单点符号）：

要添加交互制作符号，可先在图层栏上用鼠标左键选中符号所在的层，或建立交互符号层（可参见交互层的建立）来画符号。

- 选择工具箱上相应的符号图标。
- 在工具箱下出现相应的属性框，在相应的选项中选择要生成的符号。
- 单击鼠标左键确定线条符号上的各初始点（单点符号直接在所标位置上单击鼠标左键）。
- 单击鼠标右键确认相应符号的添加。
- 其中箭头符号、双实线符号可在属性框中选择线宽。

5. 计算闭合线（预报线）面积

要计算图中任意区域的面积，可先在图层栏上用鼠标左键选中要计算面积的区域所在的层，或建立交互符号层（可参见交互层的建立）来画要计算区域的闭合线，然后用鼠标选择所在的线条区域，即可显示闭合线所包含区域的面积。

- 选择工具箱上相应的添加闭合线图标 ⬭，生成闭合线（如果图中已有要计算面积的闭合线，则可省略此步骤）；
- 选择工具箱上相应的计算闭合线（预报线）面积图标 ✕；
- 移动鼠标以选择要计算区域的闭合线，当要计算区域的闭合线变色时，单击鼠标左键来选定要计算区域的闭合线；
- 此时会弹出一对话框，显示出所选闭合线所包含区域的面积；
- 可按"确定"按钮来取消显示的信息对话框。

6. 添加等值线

要添加等值线,可先在图层栏上用鼠标左键选中线所在的层,或建立交互符号层(可参见交互层的建立)来画线。

- 选择工具箱上相应的添加等值线图标 ⌒（可在属性框中选择线宽）；
- 单击鼠标左键确定线条符号上的各初始点(选点的同时,拟合后的曲线形状也表现出来了)；
- 单击鼠标右键确认等值线的添加。

7. 修改等值线

要修改等值线,可先在图层栏上用鼠标左键选中要修改线所在的层。

- 选择工具箱上相应的修改等值线图标 ⌒；
- 移动鼠标以选择要修改的等值线,当要修改的等值线变色时,可在要修改的线段部分单击鼠标左键来选定修改的线,同时此点为第一个修改点；
- 单击鼠标左键确定新形成线段的各个修改点,最后一个修改点可单击鼠标右键来完成。若原有的线段还有后半部分要保留的话,可将最后一修改点落在原来的线上,若原有的线段后半部分不需保留的话,可将最后一修改点不落在原来的线上；
- 这样就将各修改点拟合成新的线段,来替代原有线条中离新线最近的部分线段。

8. 编辑等值线标值

要编辑等值线标值,可先在图层栏上用鼠标左键选中要修改线所在的层。可对等值线标值进行添加和修改。

- 选择工具箱上相应的修改等值线标值图标 598；
- 移动鼠标以选择要修改的等值线,当要修改的等值线变色时,单击鼠标左键来选定修改的线；
- 此时会弹出一对话框,可输入等值线的标值,默认值是 999999,表示等值线不标值,若要添加标值,可在输入框中输入相应的值,若已有一值,也可重新输入要修改的值。

9. 添加文字说明

要添加文字说明,可先在图层栏上用鼠标左键选中文字所在的层,或建立交互符号层(可参见交互层的建立)来画文字。

- 选择工具箱上相应的标注图标 ；
- 在工具箱下出现标注属性框

字符属性	
角度	0
描述	字符串生成和
屏幕位置锁定	False
是否修改文字	False
文字	abcdefg
颜色	Red
字体	黑体, 10pt.

• 在标注的属性框的"文字"栏上输入要写的文字,在"角度"栏上输入文字的角度,在"颜色"栏上选择文字的颜色,在"字体"栏上选择相应的字体;

• 把光标移到要写文字的位置上;

• 单击鼠标左键,这样文字就生成了;

• 其中标注的属性框的"屏幕位置锁定"栏,若选定为 true 时,则文字在屏幕上的位置不随底图的移动、缩放来改变,一直固定在屏幕的相应位置上不变;

• 若要从已画到屏幕上的字符中获取字符和相应的属性,可将"是否修改文字"栏设置为true,将鼠标移到要选字符上,点击鼠标左键,则所选的字符及相应属性会拾取到字符属性框中,再修改文字或相应属性,修改好后,可在图上点击鼠标右键,就将原文字按新修改的文字置换了。若要置换其他字符串,也可将文字及属性修改后,直接在图上相应的字符位置上点击鼠标右键即可。修改完成后,将"是否修改文字"栏恢复到 false,即可将修改后的字符画到屏幕上。

10. 添加天气区域和闭合区域符号

可添加的区域符号有:普通的各种填充模式的闭合区域、雨区、雪区、雷暴区、雾区、大风区、沙暴区等。

要添加区域符号,可先在图层栏上用鼠标左键选中区域符号所在的层,或建立交互符号层(可参见交互层的建立)来画区域符号。

• 选择工具箱上相应的填充区域图标 ;

• 在工具箱下出现填充区域的属性框 ;

• 在填充区域的属性框的"选择填充方式"栏中提供了五种填充方式:无填充、颜色填充、Hatch 图案、颜色线性渐变、气象填充区;

• 若"选择填充方式"栏中选择了"无填充",可在"线颜色"栏上选择相应颜色,再按画线的方式生成线条,这时只是线段,无填充区域;

• 若"选择填充方式"栏中选择了"颜色填充",可在"前景色透明度"和"前景色"栏上选择相应的透明度和颜色,再按画线的方式生成线条,这时会按线条组成颜色填充的区域;

• 若"选择填充方式"栏中选择了"Hatch 图案",可在"前景色透明度"、"前景色"、"背景色"和"Hatch 图案"栏上选择相应的设置,再按画线的方式生成线条,这时会按线条组成图案填充的区域;

• 若"选择填充方式"栏中选择了"颜色线性渐变",可在"前景色透明度"、"前景色"、"背景色"和"色渐变角度"栏上选择相应的设置,再按画线的方式生成线条,这时会按线条组成渐变色填充的区域;

• 若"选择填充方式"栏中选择了"气象填充区",可在"气象填充图案"栏上选择相应的天气区域,再按画线的方式生成线条,这时会按线条组成闭合的填充区域;

• 其中填充区域属性框的"是否画边框"栏,若选定为 true 时,则闭合区域会画一"线颜色"栏中指定色的边框线。

11. 添加高低值标志字符

要添加高低值标志字符,可先在图层栏上用鼠标左键选中字符所在的层,或建立交互符号层(可参见交互层的建立)来画字符。

• 选择工具箱上相应的字符图标 或 ;

• 把光标移到要标字符的位置上;

• 单击鼠标左键会出现高中心或暖中心字符(G 或 N),单击鼠标右键会出现低中心或冷中心字符(D 或 L)。

12. 移动线条和符号

要移动线条或符号,可先在图层栏上用鼠标左键选中要修改线条或符号所在的层。

• 选择工具箱上相应的移动线条和符号的图标 ;

• 移动鼠标以选择要移动的线条或符号,当要移动的线条或符号变色时,可按住鼠标左键,并移动鼠标,等移动到相应位置上后,松开鼠标即可。

13. 删除线条和符号

要删除线条或符号,可先在图层栏上用鼠标左键选中要删除线条或符号所在的层。

• 选择工具箱上相应的移动线条和符号的图标 ;

• 移动鼠标以选择要删除的线条或符号,当要删除的线条或符号变色时,可点击鼠标右键。

14. 撤销已进行的操作

对交互操作过程中产生的误操作,可通过"撤销"操作进行修复。

• 选择工具条上撤销 按钮;

• 可将之前所进行的交互操作从后往前逐一撤销,按下撤销 按钮一次,就撤销一个前操作,所有操作都撤销了,撤销图标就变成浅灰色。

5.5.2.2 城市预报制作

1. 城市预报的数据和配置

根据预报责任区准备一个预报站点信息文件(第 16 类数据格式)。制作保存后的城市预报数据使用的是 MICAPS 第 8 类数据格式,注意其中的风力级别值与报文代码,对应表为:

报文	0	1	2	3	4	5	6	7	8	9
风级	3级以下	3～4级	4～5级	5～6级	6～7级	7～8级	8～9级	9～10级	10～11级	（11～12级）

模块设置：该模块安装目录为 MICAPS 安装目录\modual\cityfcstI，配置文件在模块安装目录下，缺省设置文件为 cityfcsti. ini。

2. 城市预报的功能

每个城市预报都包括了两个时段的预报（0～12 小时和 12～24 小时），要素包括天气现象、温度和风。功能上设有单站编辑和区域编辑两种，即用户可以按区域对 0～12 小时预报和12～24 小时预报的数据，分别进行交互修改。也可以对单站的 0～12 小时预报和 12～24 小时预报的数据同时进行修改。

3. 城市预报制作方法

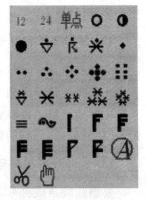

操作步骤：点击菜单"文件"→"新建"→"城市预报"，当前交互层为城市预报图层，即启动城市预报制作平台，然后调入责任区预报站点信息文件，打开编辑工具箱（图 5-5-2）。

工具箱中包含 32 个按钮，⑫ 为 0～12 小时预报区域修改，㉔ 为 12～24 小时预报区域修改，单点 为单站修改按钮，✂ 为系统交互通用按钮，此处不起作用，🖑 为系统交互通用按钮，点击该按钮，使左键返回正常浏览资料状态，可以按下左键移动鼠标漫游地图，或双击放大等，其他 27 个按钮为天气现象、风速和温度单站修改功能按钮。

图 5-5-2　城市预报编辑工具箱

单站编辑：鼠标左键选中工具箱的"单点"图标，右键单击预报站点，弹出如下窗口（见图 5-5-3）。按要求修改 0～12 小时和 12～24 小时预报的要素，按"确认修改"按钮。

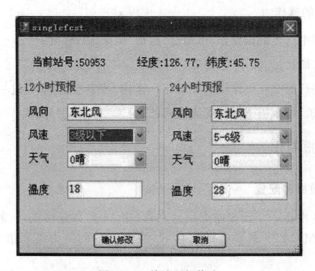

图 5-5-3　单站预报修改

区域编辑：鼠标左键选中工具箱的"12"或"24"图标。在要修改站点预报值的区域上，按鼠标左键选择区域边界线上的点，按鼠标右键确认，弹出如下对话框（图5-5-4），可选择所要设置的风向、风速、天气、温度值。按"确认修改"按钮，则完成区域内所有站点的城市预报的修改。

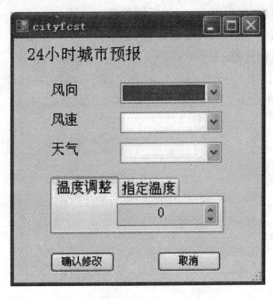

图5-5-4　区域预报修改

单站预报要素直接修改：鼠标左键选中工具箱的天气现象图标，在城市预报站点的天气现象上点击鼠标左键，则使用选中的天气现象替换当前站点的天气现象预报；选择风速按钮，在城市预报站点的风向杆上点击鼠标左键，修改成熟预报风速；点击 A 按钮，在城市预报站点的温度预报上点击鼠标左键，弹出温度输入对话框（图5-5-5），可以修改温度预报，可以直接输入温度值或使用输入框右侧的箭头调整数值大小。

图5-5-5　城市预报温度预报修改

4. 城市预报的保存

城市预报制作完成后，点击菜单"文件"→"保存"，可将城市预报交互结果自动保存为第8类数据格式。对原城市预报再次调入进行修改后的数据，将自动保存在同名文件中，同时生成一个增加了.bak后缀的文件，保存修改前的文件。

5.5.3　任务实施步骤

（1）学生自由分为若干组，每组自行选出一名组长。
（2）组长召集组员学习交互编辑操作方法的知识准备内容。

(3)将 MICAPS 系统打开,找到工具箱。

(4)学会添加高低值标志字符。

(5)学会添加天气区域和闭合区域符号。

(6)学会添加文字说明、天气符号、天气系统符号。

(7)老师检查每组的学习情况,并予以评价、总结。

(8)完成任务工单中的任务。

附　录

附表 1　基本天气现象的中文名称及符号

中文名称	符号	中文名称	符号	中文名称	符号
雨	●	扬沙	$	低吹雪	╪
阵雨	▽̇	沙尘暴	⤳	高吹雪	╪
毛毛雨	،	烟	～	雾凇	∨
雪	＊	霾	∞	雨凇	∿
阵雪	▽̇	浮尘	S	尘卷风	⩘
雨夹雪	＊	雷暴	↰	雷暴伴有雨或雪	⚡/⚡
冰雹	▲	闪电	↙	雷暴伴有冰雹	⚡
雾	≡	飑	▽	雷暴伴有沙尘暴	⚡
轻雾	＝	龙卷	)(		

附表 2　现在天气现象的符号

电码	0	1	2	3	4
0					烟幕
1	轻雾	片状或带状的浅雾	层状的浅雾	闪电	视区内有降水，但未到地面
2	观测前1h内有毛毛雨	观测前1h内有雨	观测前1h内有雪	观测前1h内有雨夹雪	观测前有雨，并有雨淞
3	轻或中度的沙(尘)暴，过去1h内减弱	轻或中度的沙(尘)暴，过去1h内无变化	轻或中度的沙(尘)暴，过去1h内增强	强的沙(尘)暴，过去1h内减弱	强的沙(尘)暴，过去1h内无变化
4	近处有雾，但过去1h内测站没有雾	散片的雾(呈块状)	雾，过去1h内变薄，天空可辨	雾，过去1h内变薄，天空不可辨	雾，过去1h内无变化，天空可辨
5	间歇性轻毛毛雨	连续性轻毛毛雨	间歇性中常毛毛雨	连续性中常毛毛雨	间歇性浓毛毛雨
6	间歇性小雨	连续性小雨	间歇性中雨	连续性中雨	间歇性大雨
7	间歇性小雪	连续性小雪	间歇性中雪	连续性中雪	间歇性大雪
8	小阵雨	中常或大的阵雨	强的阵雨	小的阵雨夹雪	中常或大的阵雨夹雪
9	中常量或大量的冰雹，或有雨，或有雨夹雪	观测前1h内有雷暴，观测时有小雨	观测前1h内有雷暴，观测时有中或大雨	观测前1h内有雷暴，观测时有小雪、雪，或霰，或冰雹	观测前1h内有雷暴，或观测时有大雪、雨夹雪，或霰，或冰雹

续附表 2

电码	5	6	7	8	9
0	霾	浮尘	测站附近有扬沙	观测前 1 h 内测站视区有尘卷风	观测时视区内有沙(尘)暴,或观测前 1 h 内视区内(或观测站)有沙(尘)暴
1	视区内有降水,但距测站较近(5 km 以外)	视区内有降水,在测站附近(5 km 以内)	有雷暴,但测站无降水	观测时或观测前 1 h 内有飑	观测时或观测前 1 h 内有龙卷
2	观测前 1 h 内有雨	观测前 1 h 内有阵雪或阵性雨雪	观测前 1 h 内有冰雹,或霰(或伴有雨)	观测前 1 h 内有雾	观测前 1 h 内有雷暴(或伴有降水)
3	强的沙(尘)暴,过去 1 h 内增强	轻或中度的低吹雪	强的低吹雪	轻或中度的高吹雪	强的高吹雪
4	雾,过去 1 h 内无变化,天空不可辨	雾,过去 1 h 内变浓,天空可辨	雾,过去 1 h 内变浓,天空不可辨	雾,有雾凇,天空可辨	雾,有雾凇,天空不可辨
5	连续性浓毛毛雨	轻毛毛雨,并有雨	中常或浓毛毛雨,并有雨凇	轻毛毛雨夹雪	中常或浓毛毛雨夹雪
6	连续性大雨	小雨,并有雨凇	中或大雨,并有雨凇	小雨夹雪或轻毛毛雨夹雪	中常或大雨夹雪
7	连续性大雪	冰针(或有雾)	米雪(或有雾)	孤立的星状雪星(或伴有雾)	冰粒
8	小阵雪	中常或大的阵雪	少量的阵性霰或小冰雹,或有雨夹雪	中常量或大量小冰雹,或有雨夹雪	少量的冰雹,或有雨,或有雨夹雪
9	小或中常的雷暴,并有雨,或雪,或雨夹雪	小或中常的雷暴,并有冰雹,或霰,或小冰粒	大雷暴,并有雨,或雪,或雨夹雪	雷暴,伴有沙(尘)暴	大雷暴,伴有冰雹,或霰,或小冰粒

附表3　沙瓦特指数(SI

T_{850} ＼ T_s ＼ $T-T_{d850}$	0	1	2	3	4	5	6	7	8	9	10	11	12	13	14	15	16	17
30	13.8	12.9	12.0	11.0	9.7	8.6	7.7	6.8	5.8	4.8	3.8	2.7	2.0	1.3	0.3	-0.5	-1.0	-1.5
29	12.5	11.6	10.6	9.5	8.3	7.3	6.5	5.5	4.5	3.5	2.5	1.8	1.0	0.0	-0.8	-1.3	-1.8	-2.5
28	11.5	10.4	9.0	8.0	7.0	6.2	5.2	4.3	3.3	2.3	1.5	0.5	-0.3	-1.0	-1.5	-2.2	-3.0	-3.8
27	10.0	8.6	7.6	6.6	5.8	4.8	4.0	3.0	2.0	1.1	0.2	-0.5	-1.3	-1.9	-2.6	-3.4	-4.3	-5.0
26	8.5	7.2	6.4	5.4	4.4	3.6	2.6	1.8	0.8	0.0	-0.8	-1.8	-2.3	-3.0	-3.9	-4.8	-5.5	-6.3
25	7.0	6.0	5.0	4.0	3.3	2.3	1.4	0.4	-0.5	-1.4	-2.0	-2.8	-3.5	-4.4	-5.4	-6.0	-6.9	-7.3
24	5.7	4.8	3.8	3.0	2.0	1.0	0.0	-0.8	-1.6	-2.2	-3.0	-3.8	-4.7	-5.5	-6.3	-7.1	-7.9	-8.5
23	4.3	3.5	2.5	1.5	0.5	-0.2	-1.0	-1.8	-2.5	-3.5	-4.2	-5.0	-6.0	-6.5	-7.5	-8.3	-8.8	-9.5
22	3.0	2.2	1.1	0.0	-0.8	-1.5	-2.2	-3.0	-4.0	-4.8	-5.5	-6.5	-7.1	-8.0	-8.8	-9.5	-10.0	-10.8
21	2.0	0.8	-0.4	-1.0	-1.8	-2.8	-3.5	-4.5	-5.2	-6.0	-7.0	-7.8	-8.5	-9.3	-10.0	-10.7	-11.5	-12.0
20	-0.2	-0.7	-1.5	-2.3	-3.2	-4.0	-5.0	-5.7	-6.6	-7.5	-8.2	-9.0	-9.9	-10.5	-11.2	-11.9	-12.6	-13.2
19	-1.0	-1.7	-2.5	-3.5	-4.5	-5.5	-6.0	-7.0	-8.0	-8.7	-9.5	-10.4	-11.0	-11.8	-12.5	-13.2	-14.0	-14.5
18	-2.0	-3.0	-3.9	-4.9	-5.9	-6.6	-7.5	-8.6	-9.3	-10.0	-10.8	-11.5	-12.3	-13.0	-13.8	-14.5	-15.2	-15.8
17	-3.5	-4.5	-5.3	-6.3	-7.1	-8.3	-9.2	-9.9	-10.5	-11.5	-12.0	-12.9	-13.7	-14.5	-15.5	-16.5	-17.0	
16	-5.0	-6.0	-6.9	-7.8	-8.8	-9.7	-10.3	-11.0	-12.0	-12.8	-13.6	-14.5	-15.0	-15.7	-16.5	-17.0	-17.8	-18.1
15	-6.4	-7.3	-8.1	-9.3	-10.0	-10.7	-11.5	-12.5	-13.2	-14.0	-15.0	-15.5	-16.5	-17.0	-17.8	-18.5	-18.8	-19.4
14	-8.0	-8.9	-9.7	-10.5	-11.3	-12.2	-13.0	-14.0	-14.8	-15.5	-16.5	-17.0	-17.8	-18.5	-19.0	-19.4	-20.0	-20.8
13	-9.4	-10.2	-11.0	-12.0	-12.7	-13.6	-14.5	-15.3	-16.5	-17.0	-17.8	-18.5	-19.0	-19.8	-20.0	-20.8	-21.3	-22.0
12	-10.8	-11.8	-12.5	-13.3	-14.2	-15.3	-16.0	-17.0	-17.8	-18.5	-19.0	-19.8	-20.5	-20.7	-21.5	-22.0	-22.7	-23.2
11	-12.5	-13.2	-14.1	-15.0	-16.0	-16.7	-17.8	-18.5	-19.1	-19.7	-20.4	-20.8	-21.5	-22.0	-22.7	-23.5	-24.0	-24.5
10	-13.8	-15.0	-15.8	-16.5	-17.5	-18.0	-18.8	-19.5	-20.5	-20.8	-21.5	-22.2	-22.8	-23.1	-24.2	-24.7	-25.3	
9	-15.6	-16.3	-17.2	-18.0	-18.8	-19.8	-20.3	-20.8	-21.5	-22.2	-22.9	-23.5	-24.0	-25.0	-25.4	-26.0		
8	-16.8	-17.9	-18.7	-19.6	-20.3	-20.8	-21.5	-22.0	-23.0	-23.5	-24.2	-25.0	-25.6	-26.1	-26.8			
7	-18.6	-19.2	-20.0	-20.8	-21.5	-22.2	-23.0	-23.5	-24.1	-25.0	-25.6	-26.1	-26.1	-27.5				
6	-19.8	-20.7	-21.5	-22.2	-23.0	-23.7	-24.5	-24.8	-25.6	-26.1	-26.8	-27.5	-28.3					
5	-21.5	-22.2	-23.0	-23.5	-24.5	-25.3	-25.5	-26.1	-26.8	-27.7	-28.3	-28.9						
4	-23.0	-23.5	-24.5	-25.3	-26.0	-26.2	-26.8	-27.7	-28.4	-28.9	-29.8							
3	-24.5	-25.3	-26.0	-26.5	-26.9	-27.5	-28.4	-29.1	-30.0	-30.7								
2	-26.0	-26.5	-27.3	-27.6	-28.3	-29.1	-30.0	-30.8	-31.5									
1	-27.3	-28.0	-28.4	-29.1	-30.0	-30.8	-31.6	-32.3										
0	-29.0	-29.3	-30.3	-30.9	-31.8	-32.5	-33.2											
-1	-30.2	-30.9	-31.8	-32.8	-33.3	-34.0												
-2	-31.6	-32.8	-33.5	-34.0	-34.7													
-3	-33.7	-34.1	-34.8	-35.5														
-4	-34.8	-35.5	-36.1															
-5	-36.1	-36.8																
-6	-37.5																	

$=T_{500}-T_S$）中的 T_S 查算表

18	19	20	21	22	23	24	25	26	27	28	29	30	31	32	33	34	35	36
-2.3	-3.2	-3.8	-4.3	-5.0	-5.8	-6.5	-7.0	-7.5	-8.0	-8.5	-9.0	-9.8	-10.1	-10.6	-11.2	-12.0	-12.4	-12.8
-3.5	-4.0	-4.8	-5.5	-6.0	-6.8	-7.5	-8.0	-8.5	-9.0	-9.5	-10.0	-10.8	-11.2	-12.0	-12.4	-12.8	-13.2	
-4.5	-5.3	-6.0	-6.5	-7.2	-7.8	-8.2	-9.0	-9.5	-10.0	-10.5	-11.3	-12.0	-12.6	-13.1	-13.2	-13.8		
-5.8	-6.5	-7.0	-7.5	-8.3	-9.0	-9.6	-10.0	-10.5	-11.0	-11.8	-12.5	-13.1	-13.5	-13.8	-14.3			
-7.0	-7.5	-8.0	-8.8	-9.5	-10.0	-10.5	-11.0	-11.8	-12.4	-13.0	-13.7	-14.0	-14.3	-14.8				
-8.0	-8.6	-9.5	-10.0	-10.5	-10.8	-11.8	-12.0	-12.9	-13.4	-14.2	-14.5	-14.8	-15.3					
-9.0	-9.8	-10.3	-10.9	-11.5	-12.0	-12.6	-13.4	-14.0	-14.7	-15.1	-15.5	-16.0						
-10.0	-10.8	-11.5	-12.0	-12.6	-13.2	-13.8	-14.5	-15.1	-15.5	-16.0	-16.5							
-11.5	-12.0	-12.6	-13.2	-14.0	-14.4	-15.0	-15.5	-16.0	-16.5	-17.2								
-12.6	-13.2	-14.0	-14.5	-14.9	-15.5	-16.0	-16.6	-17.2	-18.0									
-14.0	-14.5	-15.0	-15.5	-16.2	-16.8	-17.4	-18.0	-18.8										
-15.1	-15.5	-16.1	-17.0	-17.5	-18.2	-18.8	-19.5											
-16.5	-16.8	-17.5	-18.2	-18.8	-19.5	-20.0												
-17.5	-18.2	-18.8	-19.5	-20.0	-20.8													
-18.7	-19.5	-20.0	-20.8	-21.3														
-20.0	-20.8	-21.3	-22.0															
-21.3	-22.0	-22.5																
-22.5	-23.2																	
-24.0																		

附表 4　地转参数和罗斯贝参数随纬度变化查算表

φ	f ($\times 10^{-4}$)	β ($\times 10^{-11}$)	φ	f $\times 10^{-4}$	β ($\times 10^{-11}$)	φ	f ($\times 10^{-4}$)	β ($\times 10^{-11}$)	φ	f ($\times 10^{-4}$)	β ($\times 10^{-11}$)
0	0.0000	2.289	23	0.5699	2.107	46	1.0491	1.590	69	1.3616	0.820
1	0.0255	2.289	24	0.5932	2.091	47	1.0606	1.561	70	1.3705	0.783
2	0.0500	2.288	25	0.6164	2.075	48	1.0838	1.532	71	1.3790	0.745
3	0.0763	2.286	26	0.6393	2.057	49	1.1007	1.502	72	1.3870	0.707
4	0.1017	2.284	27	0.6621	2.040	50	1.1172	1.471	73	1.3947	0.669
5	0.1271	2.280	28	0.6847	2.021	51	1.1334	1.441	74	1.4019	0.631
6	0.1524	2.277	29	0.7071	2.002	52	1.1493	1.409	75	1.4087	0.592
7	0.1777	2.272	30	0.7292	1.982	53	1.1647	1.378	76	1.4151	0.554
8	0.2030	2.267	31	0.7511	1.962	54	1.1799	1.345	77	1.4210	0.515
9	0.2281	2.261	32	0.7728	1.941	55	1.1947	1.313	78	1.4266	0.476
10	0.2533	2.254	33	0.7943	1.920	56	1.2091	1.280	79	1.4316	0.476
11	0.2783	2.247	34	0.8155	1.898	57	1.2231	1.247	80	1.4363	0.397
12	0.3022	2.239	35	0.8365	1.875	58	1.2368	1.213	81	1.4405	0.358
13	0.3281	2.230	36	0.8572	1.852	59	1.2501	1.179	82	1.4442	0.319
14	0.3528	2.221	37	0.8777	1.828	60	1.2630	1.145	83	1.4476	0.279
15	0.3755	2.211	38	0.8979	1.804	61	1.2756	1.110	84	1.4504	0.239
16	0.4020	2.200	39	0.9178	1.779	62	1.2877	1.075	85	1.4529	0.200
17	0.4264	2.189	40	0.9375	1.754	63	1.2995	1.089	86	1.4549	0.160
18	0.4507	2.177	41	0.9568	1.728	64	1.3108	1.003	87	1.4564	0.120
19	0.4748	2.164	42	0.9759	1.701	65	1.3218	1.967	88	1.4575	0.080
20	0.4988	2.151	43	0.9946	1.674	66	1.3323	0.931	89	1.4582	0.040
21	0.5227	2.137	44	1.0131	1.647	67	1.3425	0.894	90	1.4584	0.000
22	0.5463	2.122	45	1.0313	1.619	68	1.3522	0.858			

说明：φ：纬度，单位为(°)；

f：地转参数，$f = 2\omega\sin\varphi$，单位为 s^{-1}；

β：罗斯贝参数，$\beta = \dfrac{2\omega\sin\varphi}{R}$，单位为 $m^{-1} \cdot s^{-1}$。

附表 5　蒲福风力等级表

风力等级	海面状况		海岸渔船征象	陆地地面物征象	相当风速		
	浪高				(m/s)		(km/h)
	一般(m)	最高(m)			范围	中数	
0			静	静,烟直上	0.0~0.2	0.1	小于1
1	0.1	0.1	寻常渔船略觉摇动	烟能表示风向	0.3~1.5	0.9	1~5
2	0.2	0.3	渔船张帆时每小时可随风移行2~3 km	人面感觉有风,树叶有微响	1.6~3.3	2.5	6~11
3	0.6	1.0	渔船渐觉簸动每小时可随风移行5~6 km	树叶及微枝摇动不息,旌旗展开	3.4~5.4	4.4	12~19
4	1.0	1.5	渔船满帆时,可使船身倾于一方	能吹起地面灰尘和纸张,树的小枝摇动	5.5~7.9	6.7	20~28
5	2.0	2.5	渔船缩帆(即收去帆之一部分)	有叶的小树摇摆,内陆的水面有小波	8.0~10.7	9.4	29~38
6	3.0	4.0	渔船加倍缩帆,捕鱼须注意风险	大树枝摇动,电线呼呼有声,举伞困难	10.8~13.8	12.3	39~49
7	4.0	5.5	渔船停息港中,在海者下锚	全树摇动,大树枝弯下来,迎风步行感觉不便	13.9~17.1	15.5	50~61
8	5.5	7.5	近港的渔船皆停留不出	可折毁树枝,人向前行感觉阻力甚大	17.2~20.7	19.0	62~74
9	7.0	10.0	汽船航行困难	烟囱及平屋房顶受到损坏,小屋遭受破坏	20.8~24.4	22.6	75~88
10	9.0	12.5	汽船航行颇危险	陆上少见,见时可使树木拔起或将建筑物摧毁	24.5~28.4	26.5	89~102
11	11.5	16.0	汽船遇之极危险	陆上很少,有则必有重大损毁	28.5~32.6	30.6	103~117
12	14.0	—	海浪滔天	陆上绝少,其摧毁力极大	>32.6	>32.6	>117

附表6 扩大的蒲福风力等级表

风力等级	名称	相当于空旷平地上标准高度(10 m)处的风速		
		(海里/h)	(m/s)	(km/h)
0	静风(calm)	小于1	0～0.2	小于1
1	软风(light air)	1～3	0.3～1.5	1～5
2	轻风(light breeze)	4～6	1.6～3.3	6～11
3	微风(gentle breeze)	7～10	3.4～5.4	12～19
4	和风(moderate breeze)	11～16	5.5～7.9	20～28
5	清劲风(fresh breeze)	17～21	8.0～10.7	29～38
6	强风(strong breeze)	22～27	10.8～13.8	39～49
7	疾风(near gale)	28～33	13.9～17.1	50～61
8	大风(gale)	34～40	17.2～20.7	62～74
9	烈风(strong gale)	41～47	20.8～24.4	75～88
10	狂风(storm)	48～55	24.5～28.4	89～102
11	暴风(violent storm)	56～63	28.5～32.6	103～117
12	飓风(hurricane)	64～71	32.7～36.9	118～133
13	—	72～80	37.0～41.4	134～149
14	—	81～89	41.5～46.1	150～166
15	—	90～99	46.2～50.9	167～183
16	—	100～108	51.0～56.0	184～201
17	—	109～118	56.1～61.2	202～220

附表 7　天气预报图像表述的含义

符号	☼	⛅	☁	🌧
含义	晴	多云	阴	小雨
符号	🌧	🌧	🌧	🌨
含义	中雨	大雨	暴雨	小雪
符号	🌨	🌨	🌨	🌨
含义	中雪	大雪	暴雪	雨夹雪
符号	⚡	⟋	⟋	⌐
含义	雷暴	6 级风	7~8 级风	9~12 级风

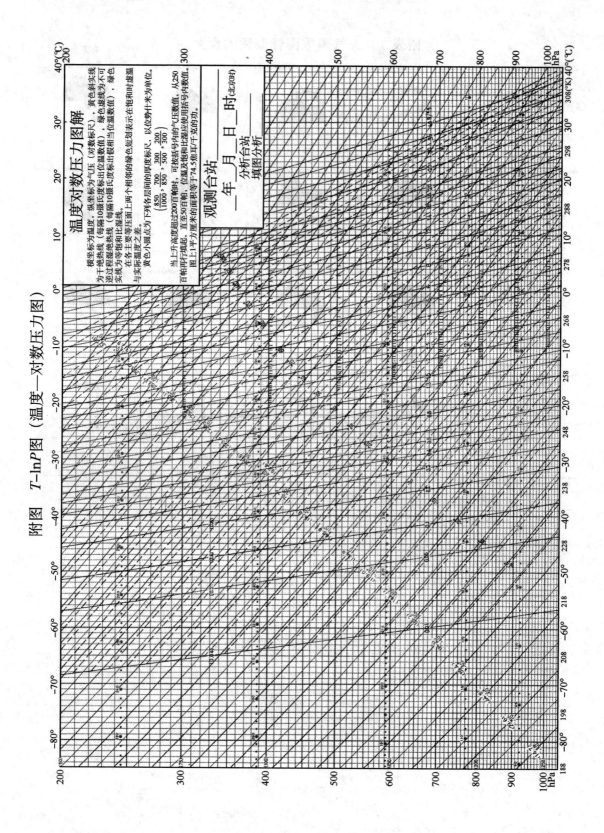

附图　$T-\ln P$图（温度—对数压力图）

温度对数压力图图解

横坐标为温度（对数标尺），纵坐标为气压（对数标尺）。黄色斜实线为干绝热线（每隔10摄氏度标出位温数值），绿色虚线为不可逆过程湿绝热线（每隔10摄氏度标出假相当位温数值），绿色实线为等饱和比湿线。

在各主要等压面上两个相邻的绿色短划表示在饱和时虚温与实际温度之差。

黄色小圆点为下列各层间的厚度标尺，以位势米为单位。

当上升高度超过200百帕时，可按括号内的气压数值，从250百帕行读起，直至50百帕，位温及他值和比湿应使用括号内数值。

图上1平方厘米的面积相等于74.5焦耳千克的功。

观测台站 _____
_____年____月____日____时(北京时)

分析台站 _____
填图分析 _____

参 考 文 献

[1] 朱乾根,林锦瑞,寿绍文,等.天气学原理和方法.北京:气象出版社,2000.

[2] 寿绍文,励申申,王善华,等.天气学分析.北京:气象出版社,2006.

[3] 陈中一,高传智,谢倩,等.天气学分析.北京:气象出版社,2010.

[4] 伍荣生,现代天气学原理.北京:高等教育出版社,1999.

[5] 孙淑清,高守亭.现代天气学概论.北京,气象出版社,2005.

[6] MICAPS 3.1 操作手册.

[7] 谢金南.中国西北干旱气候变化与预测研究(第一卷).北京:气象出版社,2000.

[8] 宋连春,张存杰.20 世纪西北地区降水变化特征.冰川冻土,2003,25(2).

[9] 王秀荣,徐祥德,苗秋菊.西北地区夏季降水与大气水汽含量状况区域性特征.气候与环境研究,2003(1).

[10] 柳鉴容,宋献方,袁国富,等.西北地区大气降水 $\delta^{18}O$ 的特征及水汽来源.地理学报,2008(1).